집중연계형 태양광발전시스템의 실증연구

(군마현 오타시(太田市) -「paltown 城西の杜」-
(주)關電工

태양광발전시스템의 주택 규모적으로도 드문 「paltown 城西の杜」의 주택단지. 지구 남측에서 바라봄.

군마현 오타시에 있는 신흥주택지 「paltown 城西の杜」의 주택에 태양광발전시스템을 집중적으로 설치하여 태양광발전시스템의 성능평가, 집중연계시의 전압 상승에 따른 출력억제와 배전계통에 미치는 영향 등에 관한 범용적인 대책 기술을 개발함과 함께 실제로 태양광발전시스템을 배전계통에 집중연계하여 그 유효성을 확인하는 등의 실증연구가 이루어졌다(2002년~2008년). NEDO의 위탁사업으로써 (주)關電工이 수탁하고, 그 실증연구를 한 것. 태양광발전시스템을 보급하는 과정에서 배전계통에 국소 집중적으로 연계되는 케이스로 수많은 연구 성과를 얻고 있다.

- 위탁사업
  집중연계형 태양광발전시스템 실증연구
  위탁-(독)신에너지·산업기술총합개발기구(NEDO)
  수탁-(주)關電工
- 연구 실시 항목
  ① 출력 억제 회피 기술 개발 및 분석·평가
  ② 신형 단독 운전 검출장치 개발 및 분석·평가
  ③ 고조파 문제 분석 ·평가
  ④ 응용 시뮬레이션 기법 개발
- 실증시험지구
  「paltown 城西の杜」(오타시 토지개발 공사분양)
  553채가 연구개발에 협력, 설치
- 태양광발전시스템
  설치 어레이 용량 : 2130kW
  평균 어레이 용량 : 3.85kW

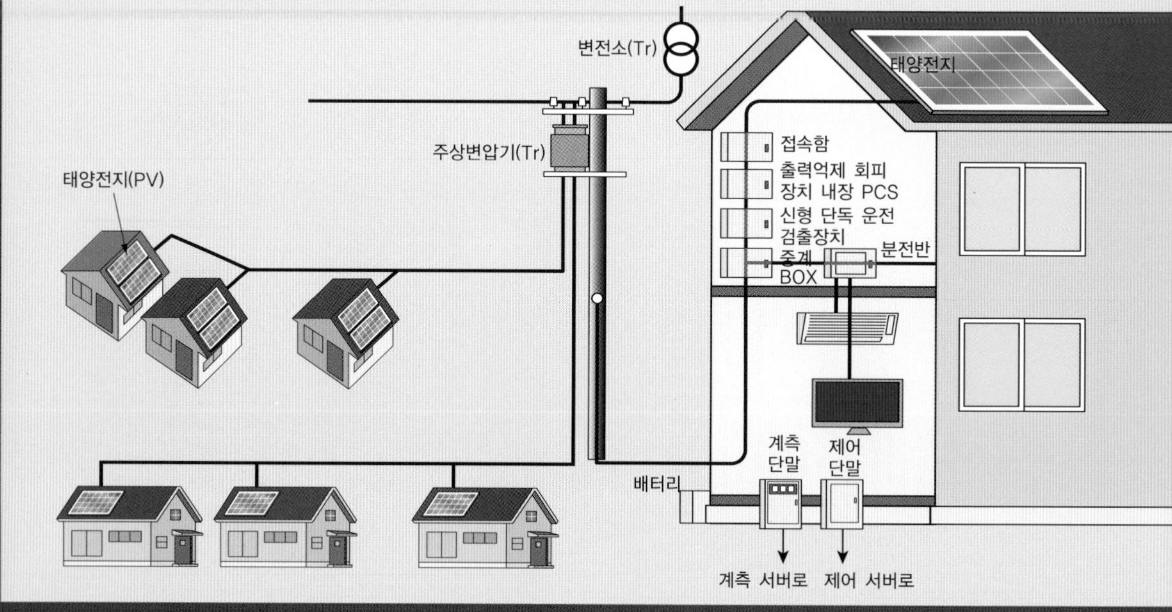

▲ 각 가정에서의 태양광발전시스템 기기와 배전계통으로의 연계

▲ 주위계측장치. 지구 내 6군데에 설치되어 일사, 기온, 풍속의 기상 데이터를 계측함과 함께 구름 이동에 따른 PV 출력변동을 지역 전체에서 본 평활화 효과 분석으로도 활용되었다(현재는 철거되었다).

▼ 일체형 PCS 등을 내장한 옥외 수납함. 일체형 PCS(파워 컨디셔너 시스템)와 단독 운전 검출장치, 연축전지, 제어단말 · 계측단말장치 등이 수납되어 있다. 현재는 실증연구가 끝나 수납함 및 그 내부 장치는 모두 철거되었다.

〈메가솔라 ·호쿠토(北杜) 사이트〉

대규모 전력공급용 태양광발전 계통안정화 등의 실증연구

야마나시현 호쿠토시
(주) NTT FACILITIES

▲ 호쿠토 사이트 전경

일조시간 연간 2200시간 이상, 고원성 서늘한 자연환경 속에 있는 야마나시현 호쿠토시의 대규모 전력공급용 태양광발전시스템 실증연구시설인 「메가솔라·호쿠토 사이트」는 중앙 고속도로 나가사카 인터체인지에서 가까운 중앙고속도로를 따라 위치한다.

NEDO의 위탁사업으로 호쿠토시와 (주) NTT FACILITIES가 위탁하여 2MW급 메가솔라·호쿠토 사이트에 대처하고 있다. 깨끗한 반면, 계통측에서 보면 불안정한 전원 또, 그 여러 가지 태양전지로 구성되는 대규모 태양광발전으로 계통에 연계하여 전력계통에 영향을 주는 일 없이 메가솔라로써 그 유효성을 평가한다. 실증연구기간은 2006년도에서 2010년도.

① 복수의 계통안정화기술을 갖춘 대용량 PCS(파워 컨디셔너 시스템)

② 국내외 9개국에서 27종류의 태양전지 모듈을 도입하여 전기에너지로 변환효율, 온도와 빛의 파장에 따른 출력특성 등 발전특성 실증.

③ 환경성에 뛰어난 선진적인 설치대「항공법(杭工法)설치대」

로 구성되는 2MW급 대규모 태양광발전시스템을 구축하고 평가하기 위한 실증연구중이다. 또, 전력계통으로의 연계에 대해서는 이전의 6.6kV 고압배전선연계부터, 2009년도 12월부터 특별고압전선로로의 연계로 변환되고 있다.

〈호쿠토 사이트의 시설 개요〉

- 대용량 PCS 도입 PV 시스템 평가지역
  : 용량 1200kW
  (내역 다결정 : 400kW, 단결정 : 400kW, 단결정 : 200kW, 화합물계 200kW)
- PV 시스템 평가 지역
  : 용량 640kW(총계 : 1840kW)

▷ 솔라 패널 뒷면에 설치된 PCS

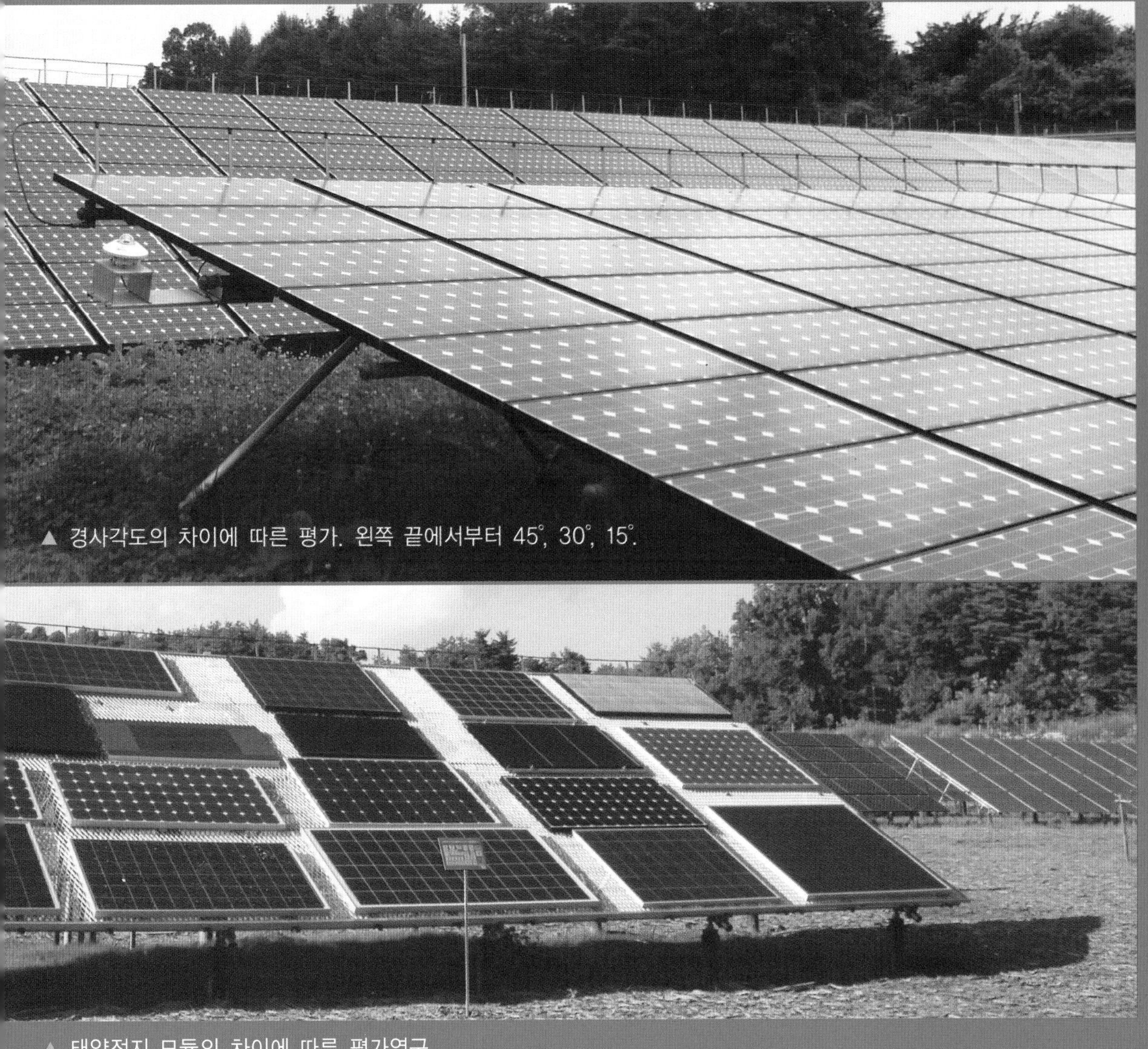

▲ 경사각도의 차이에 따른 평가. 왼쪽 끝에서부터 45°, 30°, 15°.

▲ 태양전지 모듈의 차이에 따른 평가연구

▶ 대용량 PCS, 계통안정화 기술로써의 전압변동제어기술, 순간 저전압시 운전기술, 고조파 억제 기술을 갖춘 400kWPCS(직류 입력 2계통;독립 최대 전력 추종제어, DC230~600V → AC420V±10%)

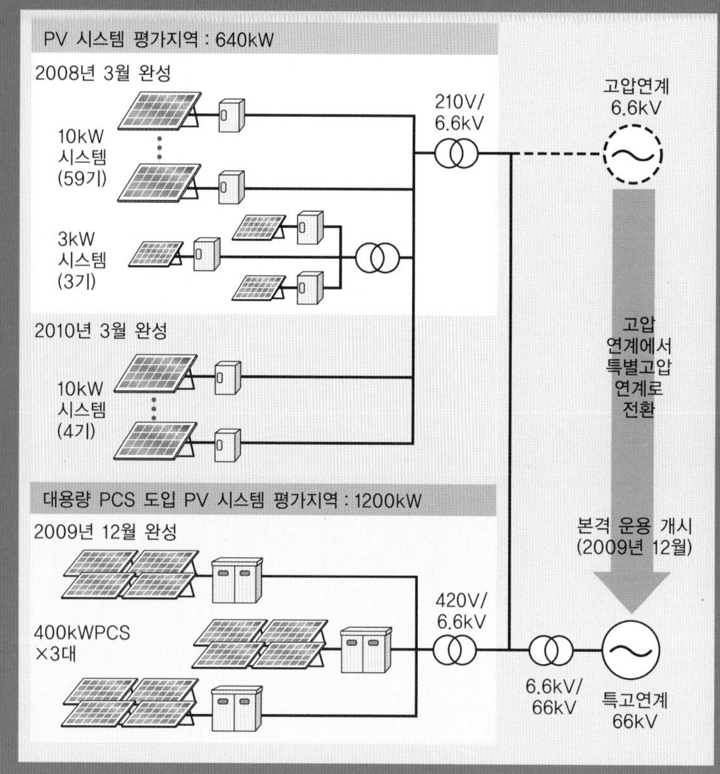

호쿠토 사이트 시스템 구성도

특별고압 전선로에의 연계지점

코오리야마누노비키(郡山布引) 고원 풍력발전소

(주)그린파워 코오리야마누노비키/ 전원개발(주)

코오리야마누노비키 고원 풍력발전소의 설경. 이리하여도 발전설비는 거의 1/2.

깨끗하고 재생가능한 에너지자원인 풍력발전에 주목하고, 일찍부터 그 사업에 힘쓰고 있는 JPOWER - 전원개발(주)는 일본은 물론 해외에도 풍력발전사업의 전개를 도모하고 있다. 그 국내시설의 일례로 「코오리야마누노비키 고원 풍력발전소」를 소개한다.

코오리야마누노비키 고원 풍력발전소는 후쿠시마현의 거의 중앙의 猫苗代湖의 남쪽, 누노비키(布引) 고원(표고 1000m 정도)에 풍력발전설비 33기, 총 출력 65980kW의 규모로, 2007년 2월에 운전을 개시한 대규모 윈드팜, 반다이산(磐梯山)과 猫苗代湖의 웅대한 경치를 바라볼 수 있는 것과 함께 주변은 풍부한 자연으로 둘러싸여 있고, 지방 코오리야마시에서는 발전소를 중심으로 「코오리야마누노비키 "바람의 고원"」으로써 환경정비를 추진, 풍차가 있는 관광 장소로써, 또 환경교육의 학습의 장으로써 많은 분들이 방문하고 있다.

〈코오리야마누노비키 고원 풍력발전소의 시설, 사업 개요〉

- 소재지 : 후쿠시마현 코오리야마시 湖南町 아카츠(赤津)
- 발전소 출력 : 65980kW
- 풍차기수 : 2000kW x 32기, 1980kW x 1기
- 연평균 풍속 : 약 7.2m/s
- 발생전력량 : 약 12500만kWh/년
- 이산화탄소 감축량 : 약 51000ton/년(모든 전원 평균 환산)
- 사업주체 : (주) 그린파워 코오리야마누노비키(자본금 1억 엔, 전원개발 100%)

▲ 풍력발전설비. 지방 농가가 개척한 야채 등의 경작지 사이에 있고, 농업과의 공생도 도모하고 있다.

■ 풍력발전설비의 형상과 사양
(독일, Enercon 제품, 2000kW(1980kW))
그 밖의 풍차, 발전기 사양
: 컷인풍속 2.5m/s
: 컷아웃풍속 25m/s
: 출력제어 – 피치제어 가변속 제어 · 전동 요 제어
: 3상 동기발전기
: 발전기 회전수 6~21.5/min
: 정격전압 400V

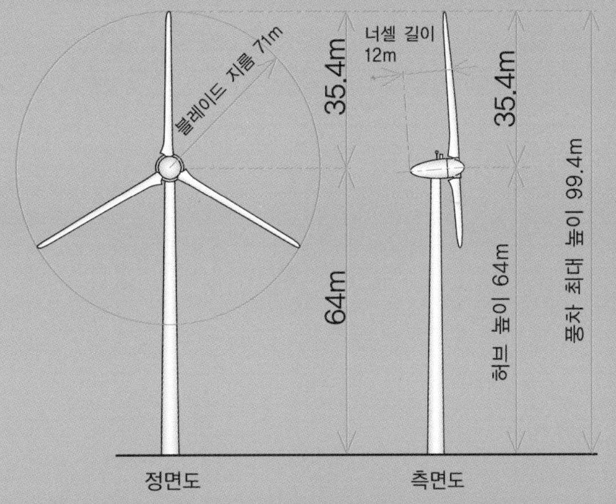

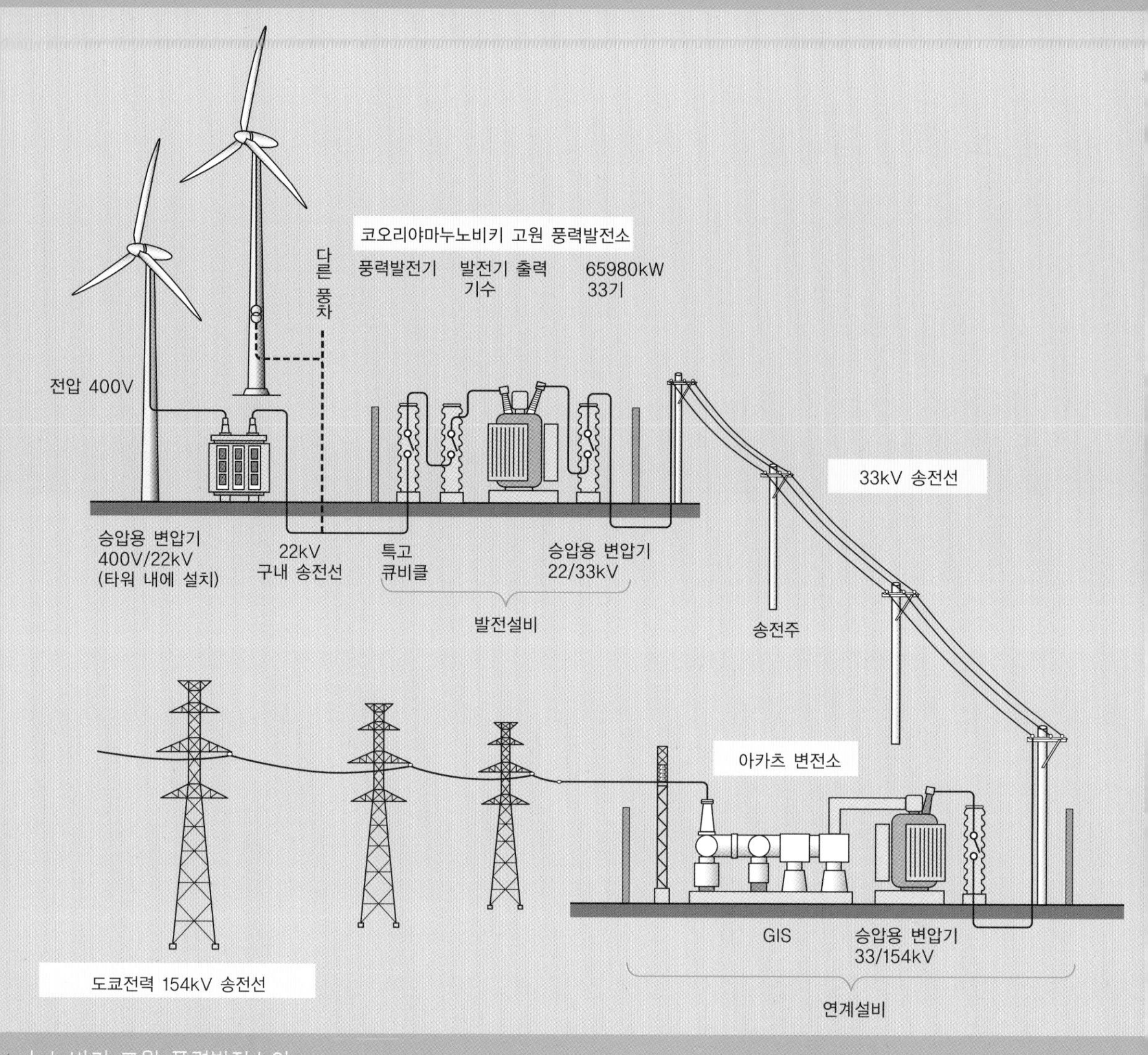

▲ 누노비키 고원 풍력발전소의 설비구성

▶ 아카츠 변전소의 연계설비(승압용 변압기, GIS). 풍력발전소의 변전설비를 통해 33kV 송전선으로 보내온 전력은 이곳 아카츠 변전소에서 더욱 승압되어 송전선으로 연계된다.

태양광·풍력발전과 계통연계기술

Kai Takaaki(甲斐 隆章) · Fujimoto Toshiaki(藤本 敏朗) 공저 / 송승호 번역

日本 옴사 · 성안당 공동 출간

태양광 · 풍력발전과 계통연계기술

Original Japanese edition
Taiyoukou, Furyoku Hatsuden to Keitou Renkei Gijutsu
By Takaaki Kai and Toshiaki Fujimoto

Published by Ohmsha, Ltd.
This Korean Language edition co-published by Ohmsha, Ltd.
and SEONG AN DANG Publishing Co.

머리말

세계 각국에서 저탄소사회를 실현하기 위한 대책을 실시하고 있고, 교토의정서를 추진한 일본은 1990년 대비 2008년부터 2012년 사이에 온실효과가스를 6% 삭감하자는 목표를 분담하고 있습니다. 그러나 세계에서 약 40%에 미치는 온실효과가스를 배출하는 미국과 중국이 이에 참가하지 않아 일본에서도 그것을 달성하기 힘들어져 실효성이 충분하다고는 할 수 없습니다. 또, 2001년 총합 자원에너지 조사회의 신에너지 도입목표로 태양광발전이 482만kW, 풍력발전이 300만kW, 바이오매스 발전은 33만kW를 내놓았지만, 5년 전에 일본은 태양광발전량 세계 정상의 자리를 독일에게 넘기는 등 이들의 목표 달성은 불가능한 상황에 놓여, 신에너지(재생가능에너지)의 보급책으로써 새로운 제도를 도입하려 하고 있습니다.

한편, 국제연합에서는 포스트 교토를 향해 선진국과 개발도상국이 하나가 되는 방안을 목표로 활발하게 의논하고 있지만 각국의 생각이 제각각이기 때문에 이에 합의하는 데는 꽤 많은 시간을 필요로 할 것입니다.

태양광발전에 대해서는 장기적으로는 2008년 후쿠다 비전의 발표에 따라 2030년까지 현재의 40배인 5300만kW, 2020년까지 2800만kW의 도입 목표를 내세웠습니다. 또, 태양광발전에 있어서는 2009년 1월에 보조금 제도가 부활하고, 2009년 11월에 주택용 태양광발전에 한하여 잉여전력의 매입가격이 1kWh당 이제까지의 두 배(48엔)로 인상되었기 때문에 현재와 같이 태양광발전이 붐을 일으키고 있습니다.

게다가 정권 교체에 따라 시작된 하토야마 내각은 일본의 2020년의 온실효과가스의 삭감목표를 1990년 대비 25%로 할 것과, 선진국과 신흥국이 일치하여 온실효과가스 삭감을 위해 대처해야 할 것을 조건으로 국제연합에 표명했습니다.

또, 신에너지를 이용하여 발전된 모든 전력에 대해서 전력회사에서는 모두 매입을 의무화하는 제도를 국가에서 검토하고 있고, 그 대상을 어떤 에너지로 할지 또, 가격을 어떻게 계산해야 할지, 전기요금의 추가 금액(가정과 산업계의 부담액)과의 균형을 고려한 정책 구축이 막바지에 접어들고 있습니다.

신에너지를 대량으로 도입하기 위해서는 분산형 전원(전력회사 이외가 설치하는 전원)을 전력계통에 연계하는 연계형으로 할 필요가 있습니다. 이 때문에 대량의 태양광발전과 풍력발전을 받아들일 수 있는 스마트그리드(차세대 전력망) 개발에 많은 나라들이 관심을 가지고 있습니다. 이는 기존의 전력망에 ICT(정보통신기술), 파워 일렉트로닉스 기술, 축전지 기술 등을 응용하여 수요지 가까이에 설치하는 분산형 전원의 대량 도입을 목표로 하고 있는 것입니다. 이와 관련하여 일본 경제산업성은 요코하마시 등 4도시에서 에코도시개발의 실증시험을 시작하고 있고 또, 전기기기 제조회사에서는 독자적인 실증시험 등을 계속해서 계획하고 있습니다.

본서에서는 대표적인 신에너지인 태양광발전, 풍력발전을 중심으로 제 1장에서는 이들의 개요와 보급상황에 대해 설명하고, 제 2장에서는 「태양광발전시스템」, 「풍력발전시스템」의 원리와 구성 등에 대해 설명하고 있습니다. 태양광발전, 풍력발전 등의 분산형전원의 계통연계에 보안 확보와 전력품질유지에 관한 민간규정으로써 「계통연계규정(JEAC 9701-2006)」이 발행되어 있고, 제 3장에서는 이 내용을 기반으로 반복해설을 첨가하여 평이하게 설명하고 있습니다. 제 4장에서는 계통연계협의와 보안규정 등의 여러 절차에 대해서 설명하고 있습니다.

신에너지와 계통연계기술을 동시에 취급한 본서 발행은 최근의 시기적 요구에 부합하며 이제까지는 없었던 서적이라 자부하고 있습니다. 그러나 재검토해보면 골고루 미치지 못한 부분과 설명에 불충분한 점이 많이 있지만 본서가 입문서로써 독자에게 도움이 된다면 더 이상 바랄 것이 없습니다.

마지막으로 본서를 집필할 기회를 주신 주식회사 다카오카(高岳) 제작소 고문인 松田高幸씨, 주식회사 옴사 외 관계자 여러분, 한국어판 발행을 맡아 주신 성안당 출판사와 여러 가지 자료를 제공해주신 주식회사 메이덴샤(明電社)를 비롯하여 관계있는 각 사, 단체에 진심으로 감사의 말씀을 드립니다.

저자대표 Kai Takaaki(甲斐 隆章)

Contents

Contents

3장 신에너지와 계통연계기술

Contents

Contents

신에너지 이용 발전의 보급과 그 배경

태양광·풍력발전과 계통연계기술

01 지구온난화 대책과 신에너지

1-1 지구온난화

지구온난화와 에너지 문제에 따라 태양광과 풍력 등의 신에너지는 차세대 에너지로써 세계적으로 주목을 받고 있다. 그림 1-1-1과 같이 지구에 내리쬐는 태양에너지는 지구표면에서 적외선으로 반사하여 우주로 방출된다. 그러나 CO_2(이산화탄소), 메탄 등은 지구온난화를 초래하는 온실가스라 불리고 있다.

국제연합의 「기후변동에 관한 정부간 패널(IPCC)」은 1906년부터 2005년까지 100년간 지구의 평균기온은 0.74℃ 상승했다고 보고하고 있다. IPCC는 모든 온실가스가 만약 2000년 수준으로 일정하게 유지된 경우라도 10년간 0.1℃

온실효과가스 없음

온실효과가스 있음

그림 1-1-1 지구온난화의 구조

그림 1-1-2 지구온난화에 따른 영향

씩 온도가 상승한다고 예측하고 있다. 앞으로 100년간 어느 정도 평균 온도가 상승할지 몇 가지의 시나리오를 세웠는데, 지구의 평균기온은 1.8℃에서 최대 6.4℃ 상승할 우려가 있다고 한다.

시나리오 1 (1.8℃ 상승)은 세계적으로 환경보전과 경제발전을 양립시킨 지속발전형사회이다.

시나리오 2 (2.8℃ 상승)는 지역적인 문제해결과 세계의 공평성을 중시한 지역공존형사회이다. 시나리오 3 (3.4℃ 상승)은 정치와 경제가 블록화되고, 사람과 기술의 이동이 제한된 다원화사회이다. 시나리오 4 (4℃ 상승)는 화석에너지를 중시하고, 이제까지의 경제성장을 세계가 이어가는 고도성장형사회이다. 지구의 평균기온이 2℃ 상승하면 홍수 피해자가 매년 수만 명이 되고, 이것이 4℃가 되면 야생생물의 40%가 절멸위기에 직면한다고 예측하고 있다.

지구온난화는 **그림 1-1-2**와 같이 해면상승과 히말라야 빙하융해 등에 따른 홍수, 갈수, 가뭄에 따른 농산물 흉작, 사람들의 건강에 미치는 영향 등 심각한 여러 문제를 일으키고 있다.

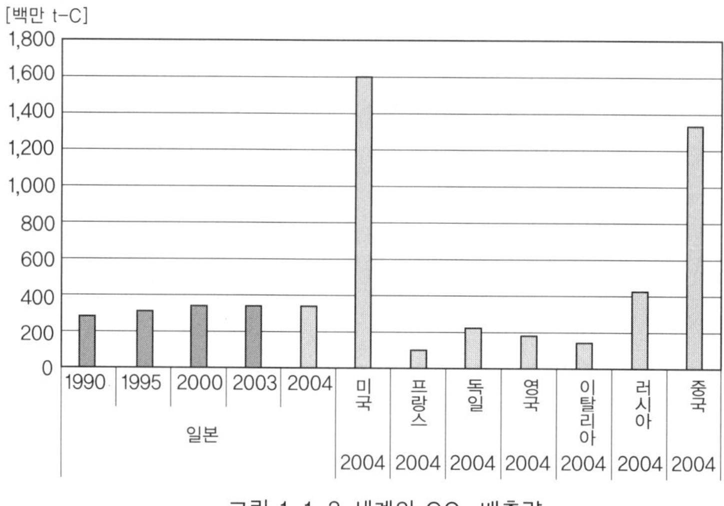

그림 1-1-3 세계의 CO_2 배출량
(출처 : NEDO 신에너지 가이드북 2008)

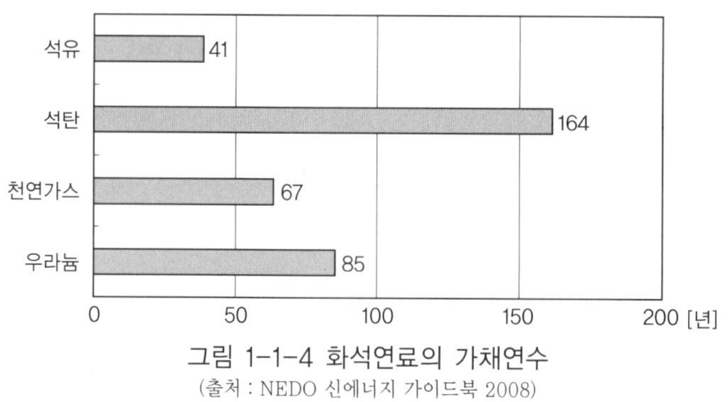

그림 1-1-4 화석연료의 가채연수
(출처 : NEDO 신에너지 가이드북 2008)

온실효과가스로 가장 배출량이 많은 CO_2에 대해서 2004년 나라별 배출량을 **그림 1-1-3**에 나타냈다. 이보다 최근 데이터에서는 제 1위, 제 2위는 미국, 중국으로, 각각 20%를 차지하고, 합치면 세계의 약 40%가 된다. 일본의 배출량은 2005년도에 11억 7천만 톤으로 세계의 약 4%를 차지하고, 국민 1인 당 연간 약 9톤이다. EU(유럽 연합)는 12%, 발전도상국이 31%를 차지한다.

석유, 천연가스, 석탄 등의 화석연료를 이용하는 데는 **그림 1-1-4**와 같이 한도가 있고, 이들의 가채연수는 석유 41년, 석탄 164년이다. 가채연수란 매장이 확인되어 있고, 화석연료 중 경제적 채산에 맞는 것이 현재의 소비량으로 소비될 경우, 앞으로 몇 년 안에 소멸될지 계산한 연수이다. 향후, 유망한 화석연료

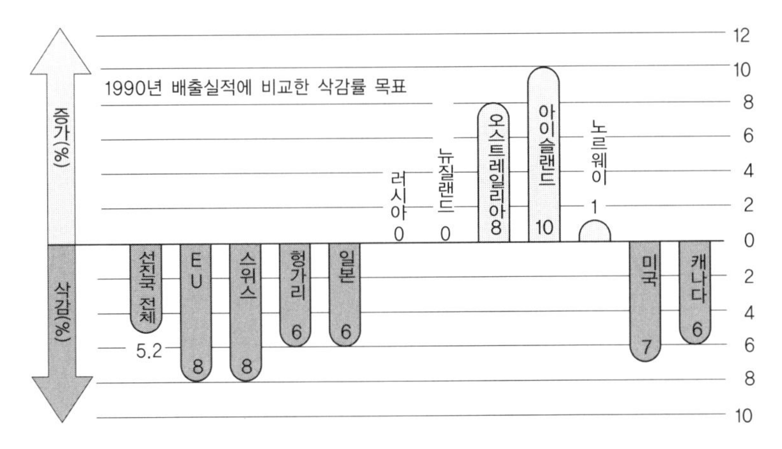

선진국(구소련, 동유럽 포함)에 대해 CO_2를 비롯한 온실효과가스의 2008년부터 2012년의 평균배출량을 1990년 레벨보다 적어도 5% 삭감하는 것을 목표로 동기간 소멸목표를 각국마다 설정

그림 1-1-5 교토회의에서 규정된 각국 온실효과가스 삭감 목표
(출처 : NEDO 신에너지 가이드북 2008)

의 매장이 발견되지 않는 한, 가까운 미래에 화석연료가 고갈될 것이 걱정된다. 특히, 일본은 자원이 없는 나라이고, 석유의 98%는 수입에 의존하고 있어, 안정보장면에서도 국산에너지를 확보하는 것은 중요하다.

1-2 지구온난화 대책과 신에너지

이상과 같이 지구환경과 에너지문제는 전 세계와 인류의 미래를 좌우하는 중요한 문제이기 때문에 1997년에 개최된 국제연합의 제 3회째 기후 변동에 관한 조약 회원국회의(COP3)에서 교토의정서가 결의되어, 그림 1-1-5와 같이 각국에 대해 온실효과가스의 삭감 목표를 분담했다. 이를 추진한 일본은 1990년 대비에서 2008년~2012년 5년간 6%를 감소하게 되었다. 그러나 2005년도의 배출량은 1990년에 비해 7% 증가하여 이 목표를 달성하기 어려운 상황에 놓여 있다.

온실효과가스 삭감의 장기목표는 2050년까지 현재 대비에서 60~80% 삭감할 것을 이미 후쿠다 내각이 또, 2020년까지 1990년 대비에서 25% 삭감할 것을 하토야마 내각이 표명했다. 2020년까지의 중기목표에 대해서는 포스트 교토의정서로써 현재 협의되고 있고, 이에는 교토의정서에서 이탈한 미국과 발전도상국인 중국, 인도도 참가할 것을 요구하고 있다.

일본에서는 고갈될 염려가 없고, CO_2를 배출하지 않는 특징을 가진 태양광과

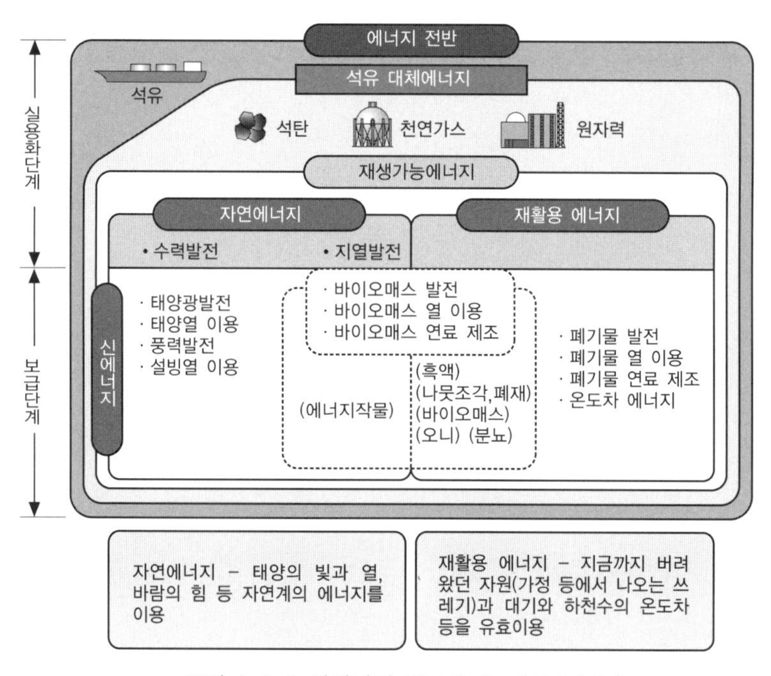

그림 1-1-6 신에너지 분류(출처 : 자원에너지청)

풍력은 「신에너지」라 불리고 있고, 이는 「신에너지 이용 등의 촉진에 관한 특별조치법」에서 석유 대체에너지로 경제성면에서 보급이 충분하지 않아, 특히 그 도입을 촉진하는 것이 필요한 것으로 정의되어 있다.

2008년 1월에는 「신에너지 이용 등의 촉진에 관한 특별조치법 시행령의 일부를 개정하는 정령」이 내각회의에서 결정되고, 신에너지의 정의가 **그림 1-1-6**과 같이 변경되고, 연료전지 등이 신에너지에서 삭제되었다.

태양광, 풍력 등은 자연에너지이고, 폐기물발전은 재활용 에너지이고, 이를 합쳐 「**재생가능에너지**」라 한다. 신에너지의 장점은 다음과 같다.

- 친환경적인 깨끗한 에너지이다.
- 석유의 대체에너지이다.
- 친밀한 에너지이고, 다양한 이용형태가 있다.

신에너지 보급을 위해 경제산업성 총합 자원에너지 조사회 「신에너지부회」를 중심으로 2010년 도입목표를 검토하고, 원유환산으로 1910만kL가 되었다. **표 1-1-1**에 신에너지별 도입목표를 나타냈다.

2003년 4월에는 「전기사업자에 따른 신에너지 등의 이용에 관한 특별조치법」(RPS법 : Renewable Energy Portfolio Standard)이 시행되었다.

이는 전년도의 전기 판매량에 대해 신에너지에서 얻을 수 있는 전기 이용을 전기사업자에게 의무화한 것이고, 다음의 이용형태가 있다.

표 1-1-1 일본의 2010년의 신에너지 도입목표

(출처 : NEDO 신에너지 가이드북 2008)

	원유 환산[만kL]	발전용량[만kW]
태양광발전	118	482
풍력발전	134	300
바이오매스 발전+폐기물 발전	586 (바이오매스 발전 34만kL포함)	587 (바이오매스 발전 33만kW포함)
태양열 이용	90	−
폐기물 열 이용	186	−
바이오매스 열 이용	308	−
미이용 에너지 (설빙열을 포함)	5	−
흑액·폐재 등	483	−
신에너지 공급계	1910	−

표 1-1-2 전기사업자에 따른 신에너지 등 전기의 이용목표량

년도	2007	2008	2009	2010	2011	2012	2013	2014
목표량[억kWh]	86.7	92.7	103.8	124.3	128.2	142.1	157.3	173.3

표 1-1-3 2009년도 신에너지 발전설비 인정 상황

(출처 : 자원에너지청)

발전형태	설비수[건]			설비용량[kW]		
	인정	폐지	2009년도 말	인정	폐지	2009년도 말
풍력발전	37	1	375	271,639	500	2,314,328
태양광발전	16	3	83	1,850	7	18,087
수력발전	21	0	477	2,865	0	203,453
바이오매스발전	11	6	350	49,053	9,344	2,014,881
지열발전	0	0	1	0	0	2,000
복합형발전	2	1	32	144	21	14,069
계	87	11	1,318	325,551	9,872	4,566,818
특정 태양광발전	83,475	791	518,648	319,687	2,939	1,919,340
합계	83,562	802	519,966	645,238	12,811	6,486,158

(비고) (1) 바이오매스 발전설비의 설비용량은 각 설비용량에 바이오매스 열량비율을 곱한 것
(2) 특정 태양광발전은 태양광 발전설비 중「태양광의 새로운 매입제도」에 의해 매입대상이 된 설비를 새로운 발전 형태로 구분한 것이다.

- 스스로 신에너지 등으로 전기를 발전하여 공급한다.
- 다른 기관에서 신에너지로 발전된 전기를 구입하여 공급한다.
- 다른 기관에서 신에너지 등 전기 상당(Equivalent)을 구입한다.

이는 전기사업자에게 신에너지로부터 얻을 수 있는 전기의 이용을 의무화한 것이고, 표 1-1-2와 같은 이용목표가 결정되었다. 태양광발전에 관해서는 다른 전원과의 발전비용과의 차(풍력발전에 대해 약 5배)를 고려한 추진이 필요하다고 판단되어 2011년도부터 2014년까지의 태양광발전에 따른 RPS 상당량을 다른 전원에 따른 RPS 상당량의 2배로 간주하는 것을 인정하고 있다.

2009년도에 전기사업자(42사)에게 의무화된 신에너지 등의 이용량은 91.7억kWh였다. 또, 이 해에 RPS법을 토대로 하여 인정받은 신에너지 등 발전설비는 83,562건, 설비용량 64.5만kW였다. 이에 따라 2009년도 말 신에너지 등 발전설비 인정 건수는 표 1-1-3과 같이 519,966건, 설비용량의 누계는 648만6158kW가 되었다.

02 일본·세계의 신에너지 보급상황

2-1 태양광발전

태양광 에너지 밀도는 약 1kW/m²이고, 그 에너지를 p형 반도체와 n형 반도체를 pn접합시킨 태양전지에 의해 전기에너지로 변환하여 이용한다. 그림 1-2-1에 태양광발전시스템의 예를 나타냈다.

설치된 장소에 따라서 공공, 산업용과 주택용으로 나뉘고, 발전된 전기는 직류이기 때문에 파워 컨디셔너에 따라 교류로 변환되어 전력계통과 연계하여 운

그림 1-2-1 태양광발전시스템의 예
(북규슈 시립 자연사·역사박물관, 시스템 용량 160kW)

전되는 시스템이 일반적이고, 태양전지의 변환효율은 가장 많이 보급되고 있는 다결정계 실리콘의 경우 약 15%~20%이다.

태양광발전의 특징은 다음과 같다.

- 발전도 전기의 매입도 자동적으로 이루어지고, 또 기기의 유지관리도 거의 필요 없다.
- 가정의 지붕과 학교의 옥상 등 그다지 사용되고 있지 않은 공간을 유효하게 이용할 수 있다.
- 산막과 자연공원 등 전기가 공급되지 않는 지역의 전원으로도 활용할 수 있다.
- 재해 등으로 전기 공급이 정지된 경우에도 비상용 전원으로 동작시킬 수 있다.

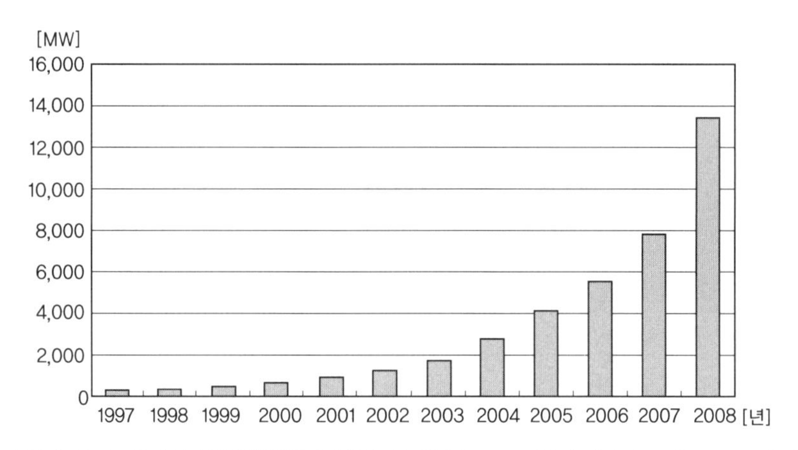

그림 1-2-2 세계의 태양광발전 도입의 추이(출처 : IEA(국제 에너지 기관) PVPS 자료)

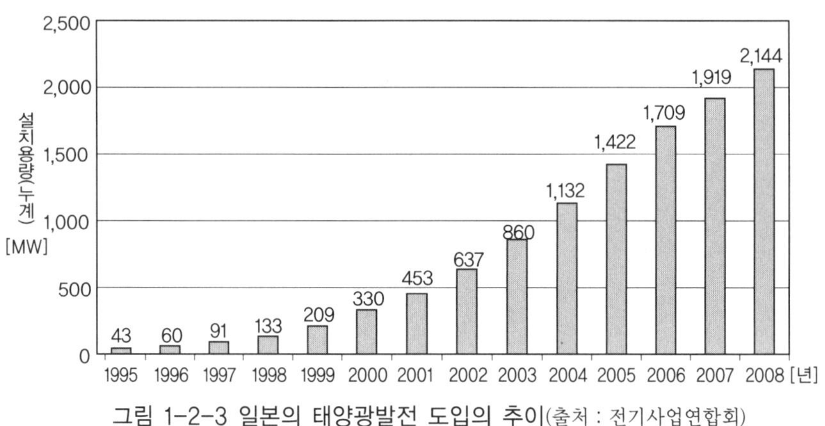

그림 1-2-3 일본의 태양광발전 도입의 추이(출처 : 전기사업연합회)

그림 1-2-2, 그림 1-2-3에 세계와 일본의 태양광발전 도입량을 나타냈다. 일본의 도입량은 2004년에 누계 113만kW로 세계 정상의 자리에 있었다. 그러나 2005년에 일본에서는 보조금 제도가 폐지되었다. 한편, 독일에서는 2004년에 고정가격 매입제도(FIT : Feed-in tariff)에 따라 태양광발전 전기의 매입가격이 70엔/kWh 정도로 인상되었기 때문에 급속하게 보급되었다. 이 결과, 독일의 도입량은 2005년에 누계 190만kW가 되고, 일본의 이 해의 도입량 누계 143만kW를 추월하여 세계 정상이 되어 현재에 이르고 있다.

일본의 2010년의 도입목표는 482만kW이고, 2008년 말에는 누계 214만kW가 도입되었다.

이 때문에 한층 더 보급하기 위해 2009년 1월부터 보조금 제도가 부활하고, 2009년 11월부터 주택용에 한해 고정가격 매입제도(FIT)가 도입되어 매입가격은 약 두 배인 48엔/kWh 정도로 인상되어, 현재 태양광발전 붐을 일으키고 있다.

2-2 풍력발전

풍력에너지는 풍속의 3승에 비례한다. 풍력발전은 풍력터빈으로 풍력에너지를 회전에너지로 변환시키고, 발전기를 회전시키는 것에 따라 전기에너지로 변환하며, 발전기로는 동기발전기 또는 유도발전기를 사용하고 있다.

풍력발전소의 일례를 **그림 1-2-4**에 나타냈다. 풍력터빈의 효율은 베츠 한계에 따라 상한이 59.3%이고, 실제 변환효율은 풍속에 따라 변화하여 최대 값이 40%대 중반에 이른다. 풍력발전의 특징은 다음과 같다.

- 풍력에너지의 약 40%를 전기에너지로 변환할 수 있어 효율이 높다.
- 설치비용은 해마다 감소되고 있고, 태양광발전의 약 1/5로 설치비용이 저렴하다.
- 전력회사에 매전할 수 있으므로 상업목적으로의 대규모 풍력발전사업이 가능하다.

그림 1-2-5, 그림 1-2-6에 세계와 일본의 풍력발전 도입량을 나타냈다.

그림 1-2-4 풍력발전소의 예
(아키타현 동해를 따라서 있는 (주)M-WINDS의 「아키타풍력발전소」.
1기의 정격출력 1500kW가 17기, 계 2.55만kW)

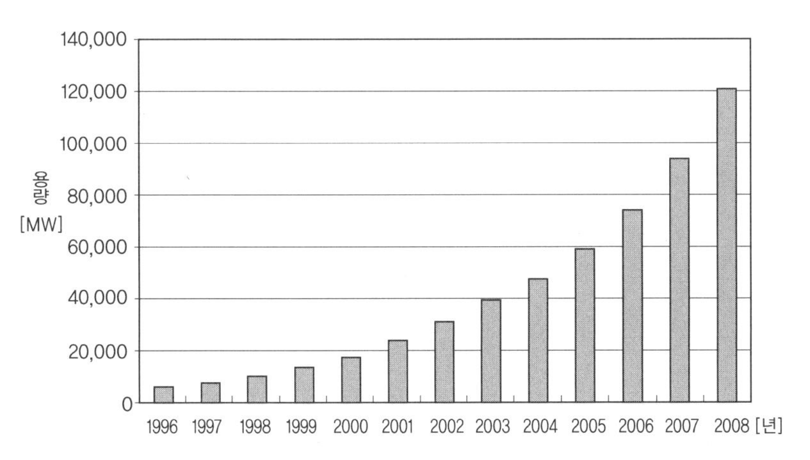

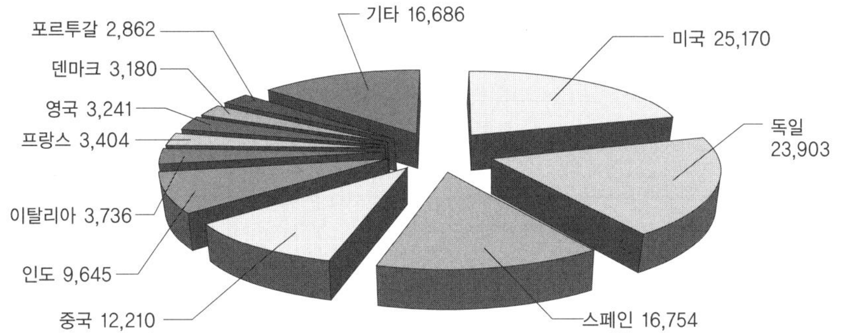

그림 1-2-5 세계의 풍력발전 도입의 추이(누계[MW])
(출처 : 2008년말 기준 GWEC(Global Wind Energy Council) 자료)

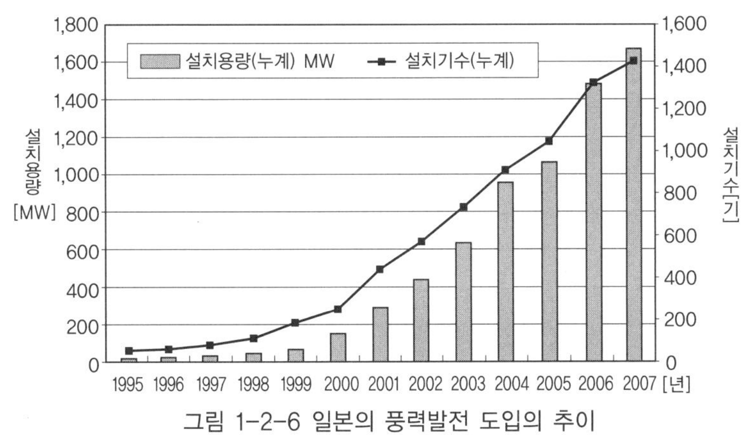

그림 1-2-6 일본의 풍력발전 도입의 추이
(출처 : NEDO 자료)

2008년 말까지 세계에서 도입된 풍력발전의 누계는 12,080만kW이고 미국, 독일, 스페인, 중국, 인도 순이다. 2008년만 보면 2,696만kW이고 미국, 중국, 인도 순이다. 일본의 2010년 도입목표는 300만kW이고, 2007년도 말 누계 167만kW가 도입되었다.

2-3 연료전지

(1) 연료전지의 특징과 원리

물에 직류전압을 가하면 전기분해를 일으켜 양극에 산소, 음극에 수소를 발생시킨다. 연료전지는 이것과는 반대의 화학반응에 따라 직류전기를 발생시키는 것으로, 그 원리는 오래 전 1800년대에 발견되어 아폴로, 제미니 우주선 내의 에너지원으로써 이용되어 왔다.

양극에 산소, 음극에 수소를 공급한다. 음극에서 수소는 이온화되어 수소 이온과 전자가 생성되고, 수소 이온은 전해질을 경유하여 양극으로 이동하고, 전자는 외부부하를 경유하여 양극으로 이동한다. 여기에서 수소 이온과 전자 및 산소가 결합하여 물이 생성된다.

수소 이온과 전자가 이동하는 과정에서 외부부하에는 양극에서 음극으로 전류가 흘러 직류전압이 발생한다. 수소와 공기 중의 산소에 의해 발전할 수 있고, 배출물은 온수이기 때문에 열에너지로도 이용할 수 있는 점 때문에 깨끗하고 효율이 높은 발전이 가능하다. 고정식 발전시스템과 전기자동차의 구동전원으로 이용되는 이동형 발전시스템이 있다.

일본의 2005년도 연료전지 도입 실적은 1만kW이고, 2010년의 도입목표는 10만kW이다. 2007년도 말에 일본에서는 1kW급 고체고분자형 연료전지(PEFC)가 약 200대, 1kW급 고체산화물형 연료전지(SOFC)가 약 30대 실증 운전되고 있다. 또, 인산형 연료전지와 용융탄산염형 연료전지(MCFC)는 실용화되어 있고, 인산형은 100kW급이 현재 10대, 용융탄산염형 연료전지는 250kW급이 운전되고 있다.

전지에는 방전만 할 수 있고 반복해서 사용할 수 없는 1차 전지와 차에 탑재되어 있는 배터리처럼 충전, 방전을 반복하여 장기간 사용할 수 있는 2차 전지가 있다. 연료전지는 외부에서 연료가 되는 수소와 산소의 화학반응으로 발전하여 발전하는 것으로, 그 역사는 오래 전 19세기 중반에 영국의 윌리엄 그로브(William Grove)에 의해 발명되었으며 다음과 같은 특징을 가진다.

- 환경에 적합하다. 발전할 때 대기오염의 원인이 되는 질소산화물과 황화산화물의 오염물질을 발생시키지 않는다.
- 발전효율이 높다. 연료전지는 화학반응에 따라 직접발전하기 때문에 효율이 높다. 또, 전기 이외의 부생물인 열을 이용할 수 있기 때문에 전기와 열을

합친 총합 효율은 높다.

- 다양한 물질의 연료를 이용할 수 있다. 화석연료(가솔린, 천연가스 등)와 음식물 쓰레기와 축산분뇨의 발효가스 등 다양한 물질로부터 연료가 되는 수소를 얻을 수 있다.

연료전지에 필요한 산소는 공기 중에서 얻을 수 있지만 수소는 주로 천연가스와 LPG, 등유 등을 개질하여 이로 부터 수소를 추출한다.

그림 1-2-7에 연료전지의 원리도를 나타냈다.

수소와 산소를 직접 연소시키는 것이 아니라 전해질층으로 가로막힌 연료극과 공기극에서 따로 전기화학 반응을 시켜 전자를 외부회로로 끄집어내는 것으로 발전한다.

- 산소는 공기 중에 포함되어 있기 때문에 공기극에는 공기를 공급한다.

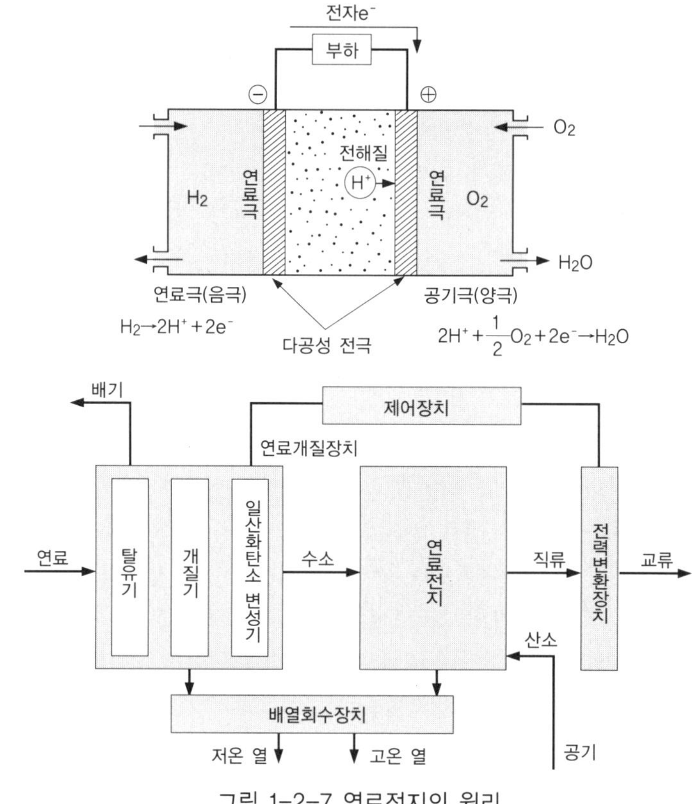

그림 1-2-7 연료전지의 원리

- 도시가스 등의 연료를 개질기에서 수소가 많이 포함되어 있는 가스로 변환하여 연료극으로 공급한다.
- 공기극과 연료극에서는 **그림 1-2-7**과 같은 전기화학반응이 일어난다. 뒤에 서술하는 연료전지의 종류에 따라서 전해질을 통과하는 이온이 다르지만 인산형(PAFC), 고체고분자형(PEFC)에서는 수소이온이 전해질 속을 이동한다.

(2) 연료전지의 구조

① 개질장치

천연가스와 메탄올, 석유 등 여러 가지 원료에서 수소를 끄집어내기 위해 개질장치가 필요하다(**그림 1-2-8**). 인산형 연료전지에서는 천연가스, LPG, 소화가스 등의 연료를 수증기와 혼합하여 고온촉매 반응에 따라 수소를 발생시킨다. 탈유기, 개질기, 일산화탄소 변성기(CO 변성기)로 구성되고, 탈유기는 연료 속의 유황분(부취성분)을 제거하는 기능, 개질기는 연료를 수소로 변환(개질)하는 기능, CO 변성기는 개질기에서 발생한 반응가스 속의 일산화탄소를 스팀과 반응시켜, 이산화탄소와 수소로 전환하는 기능을 가지고 있다. 이렇게 얻어진 수소 주성분의 가스는 개질가스라고 하며, 연료전지 스택으로 공급되어 발전을 위해 소비된다. 연료전지 스택에서 소비되지 못한 수소는 개질기의 버너로 돌아가 흡열반응인 개질반응을 고온으로 유지하기 위한 연료로 사용된다.

② 셀, 스택(**그림 1-2-9**)

연료전지의 본체는 연료극, 공기극으로 구성되는 한 쌍의 전극과 그 사이에

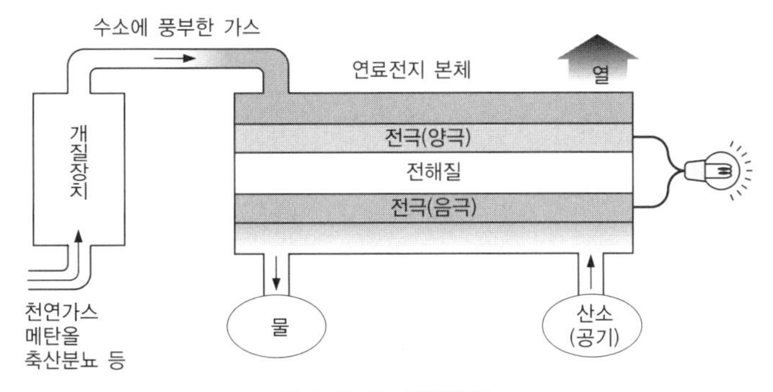

그림 1-2-8 개질장치
(출처 : NEDO 연료전지를 자세하게 이해하자! 기술해설)

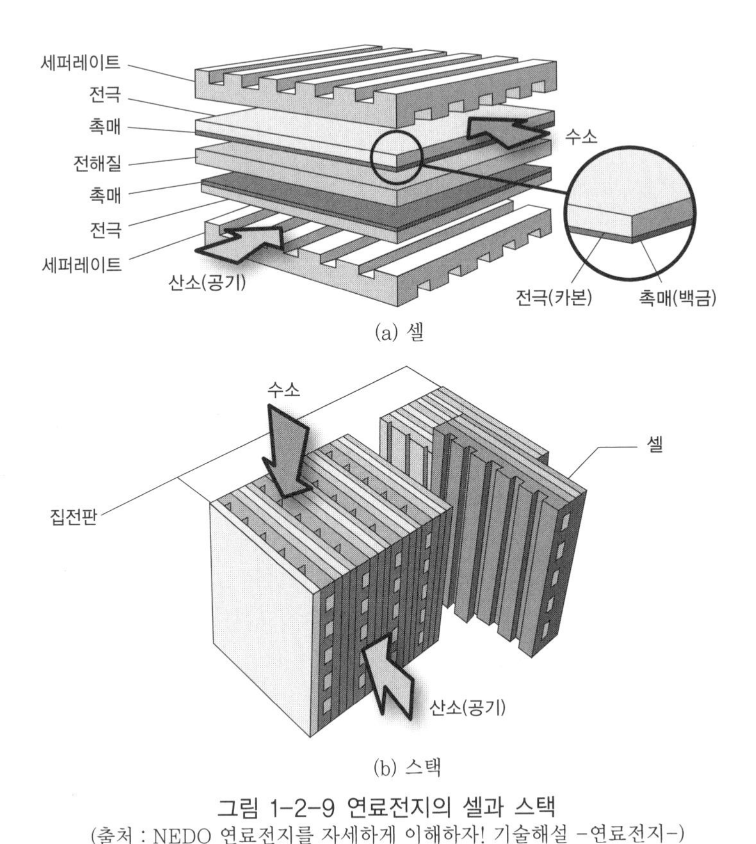

(a) 셀

(b) 스택

그림 1-2-9 연료전지의 셀과 스택
(출처 : NEDO 연료전지를 자세하게 이해하자! 기술해설 -연료전지-)

있는 전해질층으로서 최소단위의 전지(셀)를 적층한 형태로 구성된다. 이 셀을 직렬로 다수 적층하는 것으로 소정의 출력을 얻는 구조로 되어 있다. 전극은 가스가 잘 통하는 구조로 만들어져 있고, 촉매층에는 촉매로써 백금이 사용되고 있다.

각각의 전극으로 연료(수소)와 공기가 보내지고, 수소와 산소의 전기화학반응에 따라 전기가 발생한다. 인산형 연료전지의 경우, 전해질층에는 인산이 함침(含浸)되어 있고, 반응매체가 되는 수소이온의 통로와 전극 간의 가스 씰(seal)의 역할을 담당한다. 셀과 셀 간에는 세퍼레이트가 배치되어, 연료와 공기의 혼합을 막는 것과 함께 셀 간을 전기적으로 접속하는 역할을 한다.

소정의 출력을 얻기 위해서는 단위 셀을 수십 매에서 수백 매 적층한 것을 연료전지 스택이라 하며, 연료전지 스택의 양단에 설치된 집전단자에서 직류의 전력을 끄집어낸다. 연료전지의 반응은 발열반응이기 때문에 복수 셀마다 냉각판

이 삽입되고, 냉각수에 따라 셀의 냉각이 이루어진다. 냉각수에게 빼앗긴 열은 배열로 이용된다.

(3) 연료전지의 종류

표 1-2-1과 같이 연료전지는 전해질의 종류에 따라 여러 종류로 분류되지만 그 발전원리는 같다. 그 종류에 따라 연료재와 운전온도가 다르고, 또 발전규모와 용도가 다르다.

도시가스, LPG, 등유 등에서 화학반응에 따라 수소와 일산화탄소를 만들어내고, 그 중 수소를 연료로 하는 고체고분자형 연료전지(PEFC), 인산형 연료전지(PAFC), 수소와 일산화탄소를 연료로 하는 용융탄산염형 연료전지(MCFC), 고체산화물형 연료전지(SOFC)가 있다.

고체고분자형 연료전지는 저온에서 기동시간이 짧은 점으로부터 자동차와 가정용으로 또, 인산형 연료전지는 다소 대형이고 운전온도도 비교적 높은 점으로부터 호텔과 백화점 등의 상업시설과 기업 등에서 실용화되고 있다. 용융탄산염형 연료전지는 플랜트에서의 이용이 적합하다. 고체산화물형 연료전지는 발전효율이 높고, 운전온도가 높다는 특징이 있고, 가정용에서 대규모 발전소로 바뀌

표 1-2-1 연료전지의 종류

종류	인산형 (PAFC)	용융탄산염형 (MCFC)	고체산화물형 (SOFC)	고체고분자형 (PEFC)
전해질	인산(H_3PO_4)	탄산리튬 +탄산칼륨	지르코니아	이온교환막
이동 이온	H^+	CO_3^{-2}(탄산)	O^{-2}	H
작동 온도	약 200℃	약 650℃	약 1000℃	약 100℃
사용가능 연료	천연가스, LPG, 메탄올	천연가스, LPG, 메탄올, 석탄가스화 가스	천연가스, LPG, 메탄올, 석탄가스화 가스	천연가스, LPG, 메탄올
특징	재료의 선택 폭이 넓다. 배열 이용이 가능. 가장 실용화에 가깝다.	사용가능연료가 많다. 발전효율이 높다. 고가의 백금촉매가 불필요.	사용가능연료가 많다. 발전효율이 높다. 내부개질이 용이	고출력밀도 상온에서 작동 가능
주전지재료	카본계	니켈, 스테인리스	세라믹	카본계
발전효율	35~43%	45~60%	50~60%	40~60%

는 발전으로써 폭 넓은 이용을 기대하고 있다.

연료전지는 발전효율이 높고, 부산물인 열도 사용할 수 있으며 연료가 되는 수소도 천연가스와 석유 등의 화석연료에서 바이오매스까지 다양한 원료로 만들 수 있다는 특징을 가지고 있다.

(4) 연료전지 발전시스템

소규모 양돈농가에서 발생하는 바이오매스를 이용하여 메탄 발효하고 생성된 바이오매스를 연료로써 발전하는 실증시험설비의 한 예를 이하에 나타냈다. 이 설비에서는 메탄발효로 발생하는 바이오가스는 고체고분자형 연료전지, 가스엔진 발전기 및 가스보일러의 연료로 사용된다.

축산분뇨는 그대로는 직접 에너지원으로써 이용할 수 없기 때문에 메탄발효에 의해 메탄가스로 변환하고, 그것을 연소하여 전력과 열에너지원으로써 이용한다.

실증시험설비의 시스템 플로도를 **그림 1-2-10**에 나타냈다. 축사에서 배출되는 똥, 분뇨, 오줌, 오수를 혼합조에 투입하여 교반혼합한다. 이들을 고체분리기를 써서 메탄발효에 기여하지 않은 고형물을 제거함으로써 효율이 높은 메탄발효를 가능하게 하고 있다. 분리된 액체분은 메탄발효조로 투입되며, 발효조 안을 36℃로 보온하고, 혐기성을 유지하면서 20~30일 정도의 평균 체류일수로 메탄발효를 하는 중온발효방식을 채용하고 있다.

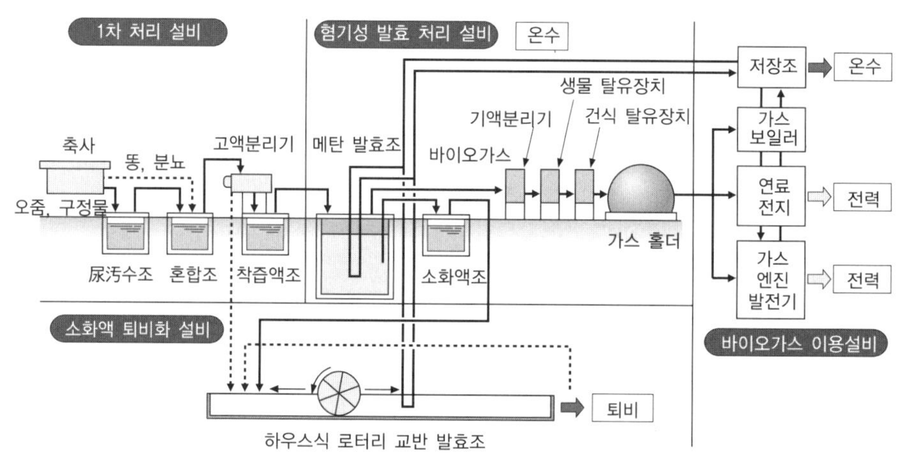

그림 1-2-10 시스템 플로도
(출처 : 明電時報, 2005년 5~6월호)

메탄발효에 따라 생성되는 바이오가스는 60~80% 정도이고 그 밖에 이산화탄소와 황화수소와 수분이 포함되지만 이들은 탈유장치와 기액분리기에서 제거되어 이중막식 가스 홀더로 저류된다.

바이오가스 이용설비는 고체고분자형 연료전지, 5kW 가스엔진 발전기, 온수보일러에서 구성되고 전기와 열이 회수된다. 여기에서는 바이오가스를 이용한 설비중 일부가 연료전지 발전시스템이라는 것이다.

2-4 바이오매스 발전

(1) 바이오매스 에너지의 특징

바이오매스란 생물자원의 바이오(bio)와 양(mass)을 나타내고, 동식물로부터 얻을 수 있는 유기계 에너지자원이다. 바이오매스 에너지는 **그림 1-2-11**과 같이 이용과정에서 CO_2를 배출하지만 이것이 식물일 때에 광합성에 의해 CO_2를 흡수하고 있기 때문에 그 사이클 전체에서 CO_2는 증가하지 않는다. 이는 카본 뉴트럴이라 불리고 있다.

그 종류는 많고, 간벌재 등의 목질계와 왕겨 등의 농업계는 건조계라고 분류하고 하수오니 등의 생활계와 가축분뇨 등의 축산, 수산계는 습윤계로 분류하며 채종, 옥수수와 흑액, 폐재는 기타로 분류된다. 에너지 변환방식은 각각의 연료원에 적합한 변환기술이 있고, 크게 나누면 직접연소, 메탄발효와 메탄올 발효 등의 생물화학변환, 가스화 등의 열화학변환, 화학합성에 따른 연료화 등이 있다. 또, 간벌재와 왕겨 등은 신탄, 목탄 등의 고체연료, 사탕수수, 옥수수 등은 에탄올 등의 액체연료, 하수오니는 메탄가스의 기체연료로 전화되고, 전기를 이용하는 경우에는 이를 연료로써 증기터빈과 가스터빈을 구동하여 교류발전기에 의해 전기에너지로 변환된다.

바이오매스 연료의 특색은 다음과 같다.

- 실질적인 CO_2배출이 0이 되는 카본 프리 에너지이다.

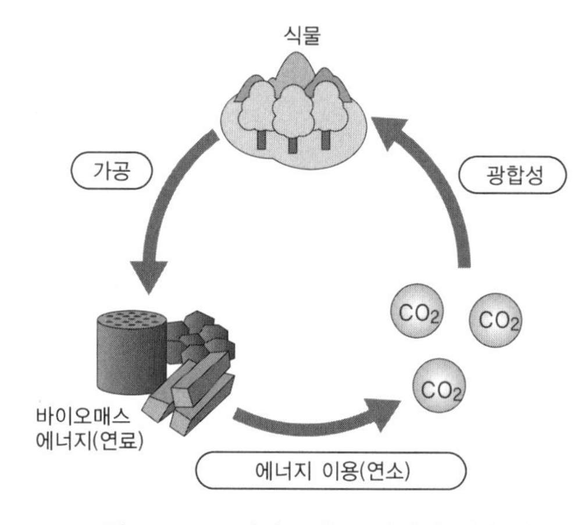

그림 1-2-11 바이오매스 에너지 이용의 개념
(출처 : NEF What's 신에너지 바이오매스 발전 열 이용)

- 폐기물을 적정하게 활용함에 따라 순환형사회가 될 수 있다.
- 고체, 액체, 기체와 삼태(三態)로 가공할 수 있기 때문에 보존과 운반이 가능하다.
- 발전, 열 이용, 자동차 등 다양한 종류의 이용용도가 있다.

바이오매스 발전+폐기물발전의 2005년 도입실적은 설비용량으로 201만kW(원유 환산 252만kL)이다. 일본의 2010년 도입목표는 설비용량으로 450만kW(원유 환산 586만kL)이고, 그 중 바이오매스 발전은 33만kW(원유 환산 34만kL)이다.

(2) 바이오매스 에너지의 종류

바이오매스를 분류하는 방법은 여러 가지가 있지만 표 1-2-2와 같이 크게 나누면 폐기물계 바이오매스와 재배작물계 바이오매스로 나눌 수 있다. 바이오매스 에너지란 바이오매스를 원료로써 얻을 수 있는 에너지로, 단순히 연소하는 에너지도 있지만 화학적으로 얻을 수 있는 메탄과 메탄올 등을 연료로 이용하는 등 적용분야가 확대되고 있다.

바이오매스 에너지는 예를 들면 소 3마리의 1일분 분뇨로, 한 가정의 1일 분 전력을 공급할 수 있는 정도의 발전이 가능하고, 사탕수수 1톤으로 자동차의 연료에도 사용할 수 있는 에탄올이 0.2톤 생긴다. 바이오매스 에너지는 지구규모로 보아 밸런스를 파괴하지 않는 영속성이 있는 에너지이다. 바이오매스는 대량으로 존재하고 있지만 분산되어 있기 때문에 수집, 수송비용이 드는 문제가 있고, 또 그대로는 이용할 수 없기 때문에 전처리시설이 필요하다.

바이오매스 자원이란 동식물에 유래하는 유기물(화석연료를 제외)이고, 에너

표 1-2-2 바이오매스의 분류

분류			원료
폐기물계	농업수산계	농업	짚, 왕겨
		축산	가축 분뇨
		임업	간벌재, 톱밥
	폐기물	산업	하수오니, 나무
		생활	음식물 쓰레기, 폐유
재배작물계		농업	사탕수수, 옥수수, 채종 등

지 이외에도 화학연료와 제품으로도 유용한 자원이다. 특히 바이오매스 자원을 에너지로 이용할 때는 **바이오매스 에너지**라 한다.

바이오매스 에너지에 관계된 정의를 명확하게 하기 위해, 2002년 1월에 「신에너지 이용 등의 촉진에 관련된 특별조치법 시행령」(RPS법 시행령)이 개정되고, 바이오매스는 「동식물에 유래하는 유기물이고 에너지원으로써 이용할 수 있는 것(원유, 석유가스, 가연성 천연가스 및 석탄 및 이것으로부터 제조되는 제품을 제외)」이라고 규정되었다. 신에너지로써 도입 보급이 기대되고 있고, 「카본뉴트럴」이라는 특징을 가지고 있는 점으로부터 CO_2배출 억제에 관련된 지구온난화 방지, 순환형사회 구축에 기여함과 동시에 지역 에너지로써 지역산업 활성화와 고용창출 등에도 공헌한다.

표 1-2-3에 바이오매스 에너지의 종류와 이용방법을 나타냈다.

(3) 바이오매스 화력발전소

세계에서 손꼽히는 쌀 생산국이면서 쌀을 주식으로 하는 태국에서 가동하고

표 1-2-3 바이오매스 에너지의 종류와 이용방법
(출처 : NEDO 바이오매스 에너지 도입 가이드북 2005)

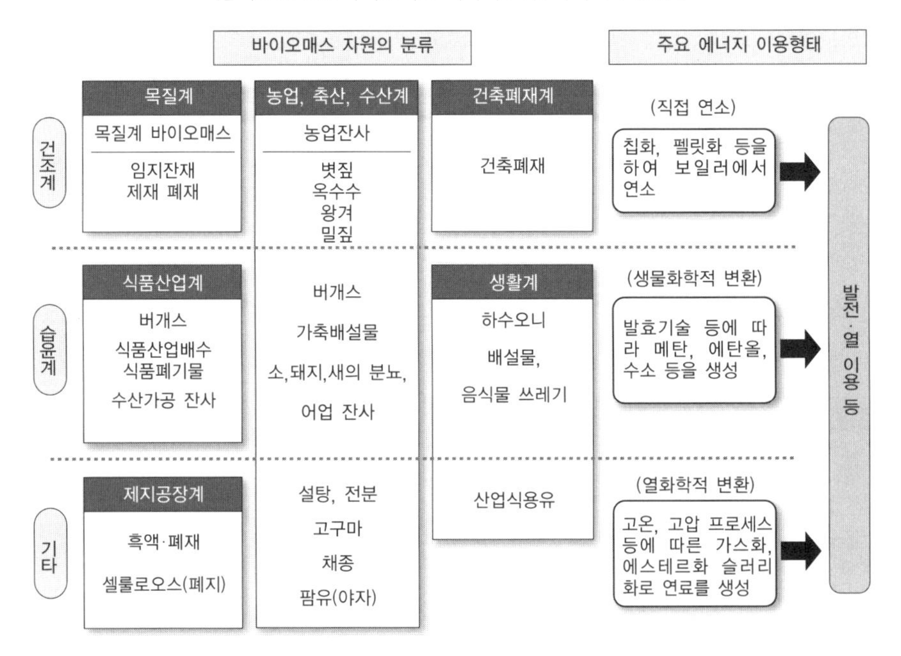

그림 1-2-12 로이엣 바이오매스 화력발전소의 조감도
(출처 : 明電時報, 2005년 5-6월호)

있는 왕겨를 연료로 하는 화력발전소 설비의 예를 바이오매스 화력발전소의 일례로 소개한다. 이 화력발전소는 전원개발(주)이 2003년에 해외 발전사업으로써 태국에 건설한 로이엣 바이오매스 발전소로서 왕겨를 연료로 하며 전력 판매를 목적으로 한 것으로, 발전출력 9,950kW의 용량을 자랑하고, 당시 바이오매스 에너지를 이용한 발전소로써는 최대 규모였다.

그림 1-2-12에 로이엣 바이오매스 발전소의 조감도를 나타냈다.

해당 발전소는 벼농사 지대의 전원지역에 위치하고, 바이오매스 연료인 왕겨는 인접한 정미공장에서 벨트 컨베이어로 공급된다. 또, 외부에서는 트럭에 적재하여 반입된다. 그림 1-2-13에 시스템 계통도를 나타냈다. 발전기의 용량은 9.95MW이여, 보일러 증기의 조건은 4MPa×400℃이다. 증기 터빈은 2단 추기로 하여, 1단 째는 탈기기 등의 보기구동증기의 공급, 2단 째는 저압급수 가열기로의 증기공급을 담당한다.

왕겨 연료의 소비량은 설계치로 12.3t/h(LHV : Low Heating Value=12,558kL/kg 환산)이다. 같은 발전출력으로 연료가 나무 부스러기의 경우에는 13.6t/h, 버개스의 경우에는 20.5t/h가 연료소비량이 된다. 연료 저장은 옥내 저장 야드에서 3일분, 옥외 저장 야드에서 12일분의 계 15일분의 왕겨 연료를 보관할 수 있다. 냉각수는 13km 앞의 하천에서 펌프로 발전소의 원수저장지로 인입된다. 보일러, 증기터빈, 발전기의 사양 개요를 표 1-2-4에 나타냈다.

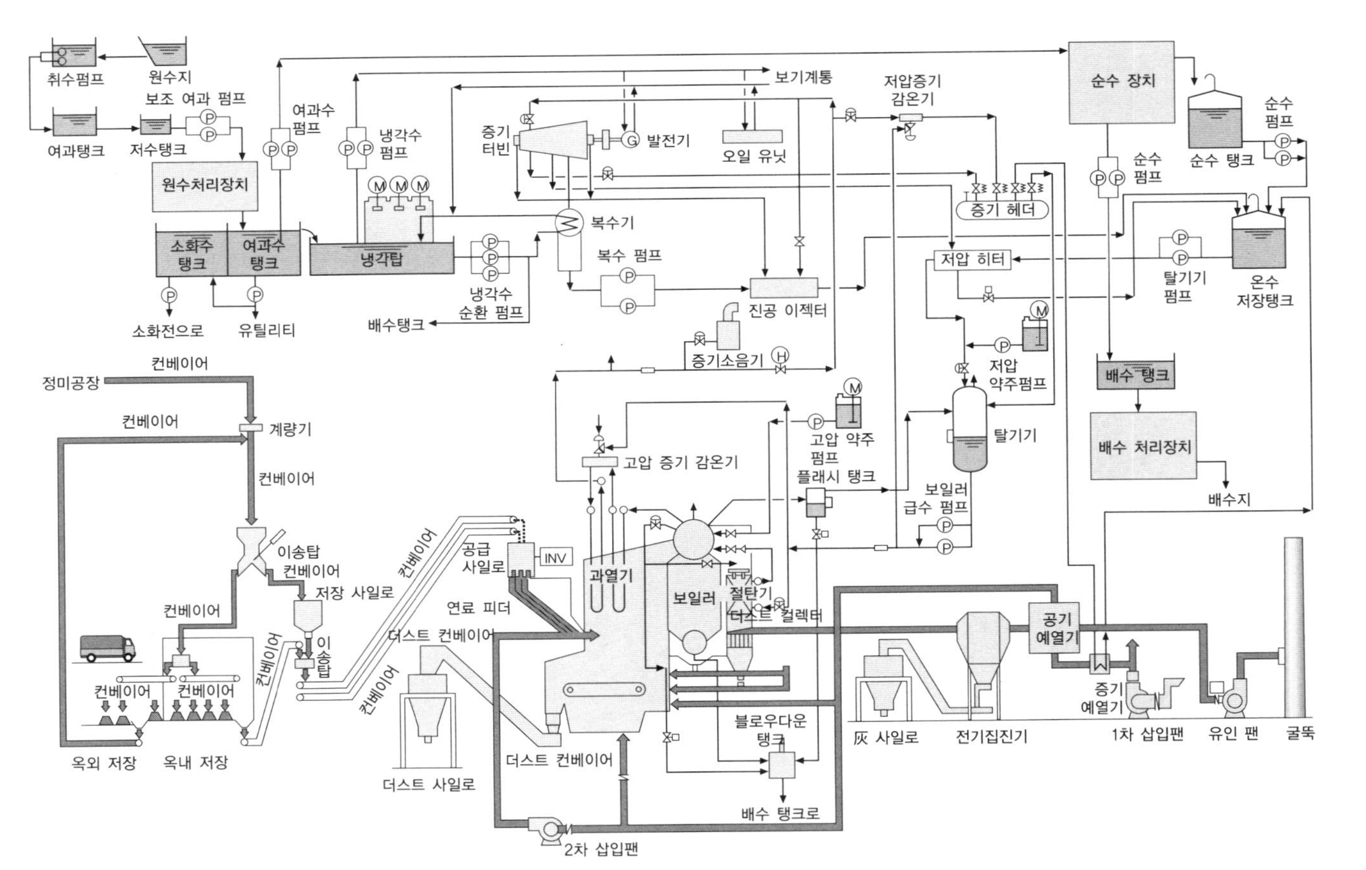

그림 1-2-13 왕겨를 연료로 하는 화력발전설비의 시스템 계통도(출처 : 明電時報, 2005년 5-6월호)

표 1-2-4 바이오매스 에너지의 종류와 이용방법
(출처 : 明電時報, 2005년 5-6월호)

부위	사양
보일러	형식 : 수관, 자연순환, 2드럼식 연소방식 : 트래블링 스토커 방식 증기조건 : 5MPa-450℃-55t/h(max), 4.1MPa-405℃-51.3t/h(normal) 보일러 급수온도 : 159℃ 연료 : 왕겨 전소
증기 터빈	형식 : 충동 터빈, 다단, 축류, 감속기 설치, 2단 추기, 복수식 발전단 출력 : 9950kW 회전속도 : 터빈 5806/ 발전기 1500 입구 증기조건 : 3.92MPa-400℃-51.1t/h 1단 추기 증기조건 : 1.06MPa-261.9℃-5.53t/h 2단 추기 증기조건 : 0.21MPa-121.5℃-4.44t/h 배수 증기조건 : 0.0098MPa-45℃-41t/h
증기 터빈 발전기	형식 : 전폐, 물 - 공기냉각기 탑재, 3상 동기발전기 사양 : 11706kVA-4P-6600V-50Hz-1500-1024A-0.85pf×1

〈인용, 참고문헌〉

(1) 태양광발전 필드 테스트 사업에 관한 가이드라인 -기초편-, 미래를 짊어질 태양광발전, 2008년 3월, (독립행정법인) 신에너지, 산업기술총합개발기구

(2) 신에너지 가이드북 2008, (독립행정법인) 신에너지, 산업기술총합개발기구

(3) 江間·甲斐 공저 : 전력 공학(전기, 전자계 교과서 시리즈 21), 코로나사

(4) (재)신에너지 재단의 홈페이지. What's 신에너지 연료전지, 바이오매스

(5) 풍력발전 도입 가이드북(제 9판), 2008년 2월, (독립행정법인) 신에너지, 산업기술총합개발기구

(6) NEDO의 홈페이지, 연료전지를 자세하게 이해하자! 기술해설 -연료전지-, (독립행정법인) 신에너지, 산업기술총합개발기구

(7) 바이오매스 에너지 도입 가이드북(제 2판), (독립행정법인) 신에너지, 산업기술총합개발기구

(8) 新井, 등 : 축산분뇨로부터 바이오가스를 이용한 연료전지 코제너레이션 시스템, 明電時報, 2005년 5-6월호(No.3)

(9) 內藤, 등 : 태국 Roi-Et Green Co,Ltd 납입 9.95MW 바이오매스 화력발전설비, 明電時報, 2005년 5-6월호(No.3)

신에너지를 이용한 발전시스템

–태양광발전시스템, 풍력발전시스템–

태양광·풍력발전과 계통연계기술

01 태양광발전시스템

1-1 태양전지의 원리

태양전지는 **그림 2-1-1**과 같이 플러스의 전하를 가진 정공(hole)이 다수 캐리어인 p형 반도체와 마이너스의 전하를 가진 자유전자가 다수 캐리어인 n형 반도체를 접합하여 생성된다. 그 접합부로 태양광이 비추면 정공과 전도전자가 발생하고, 태양광 에너지가 밴드 갭 이상인 경우 전자는 n형 반도체의 전도대로 이동하고, 정공은 p형 반도체의 가전자대로 이동한다. 그 결과, p형 반도체에는 ⊕전기, n형 반도체에는 ⊖전기가 발생한다. 이 현상은 광기전력효과라 한다. 이에 저항부하를 접속하면 n형 반도체의 전도성 전자는 저항부하를 경유하여 p형 반도체와 결합한다. 즉, p형 반도체에서 저항부하를 경유하여 n형 반도체로 전류가 흐르고, 전기에너지가 부하로 공급된다.

태양전지를 구성하는 최소단위는 **태양전지 셀**이라고 한다. 1셀의 출력전압은 0.5~1.0V이다.

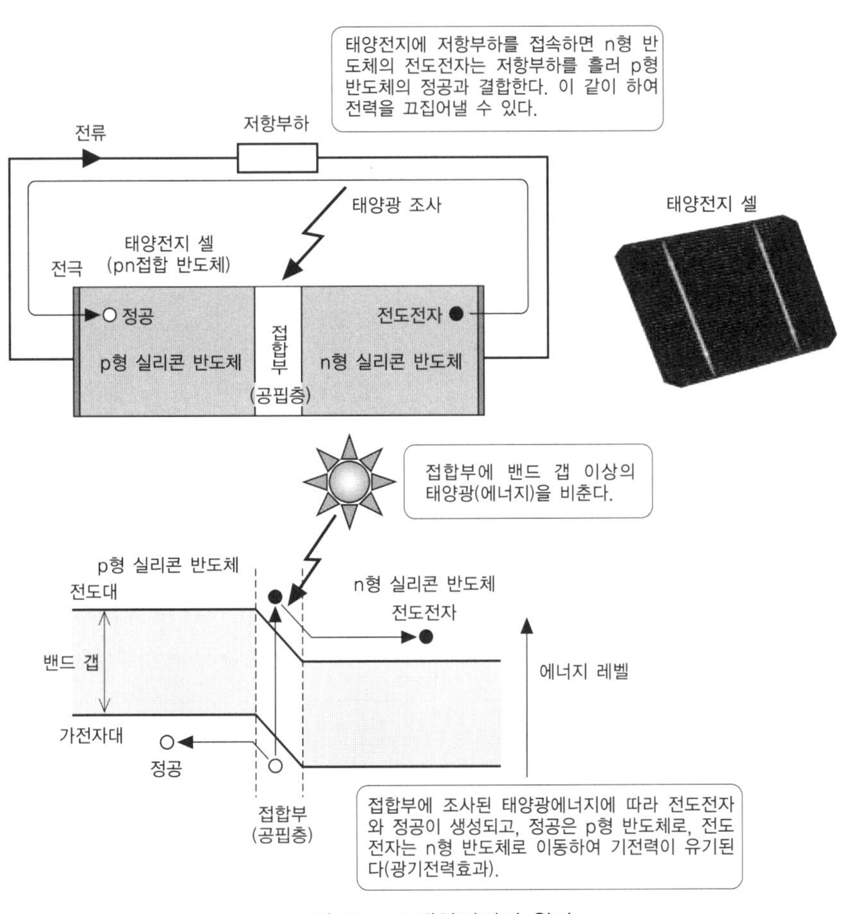

그림 2-1-1 태양전지의 원리

1-2 태양전지의 종류

태양전지는 표 2-1-1과 같이 크게 「실리콘계」와 「화합물계」로 나뉜다.

실리콘계에는 많이 이용되고 있는 결정계와 어모퍼스계가 있다. 결정계에는 효율이 높지만 고가인 단결정과 효율은 이보다 낮지만 저가인 다결정이 있고, 다결정이 가장 보급되어 있다. 비정질(어모퍼스)계는 대용량, 대량생산용이 있지만 결정계보다 성능이 떨어진다. 화합물계는 변환효율은 매우 높지만, 고가이므로 우주개발 등의 특수용도에 한한다.

결정계 태양전지의 고효율화 때문에 후면전극형과 HIT형 등을 제안하고 있다. 후면전극형은 표면에서 발생하는 전류를 관통 구멍 전극을 통해 뒤로 돌려, 뒷면의 전극에 흐르는 구조로 하여 수광면 전극을 없애 수광량을 증가시키는 방법이다. HIT형은 어모퍼스 실리콘과 결정 실리콘의 하이브리드에 의해 효율을 높이는 방식이다.

표 2-1-1 태양전지의 종류

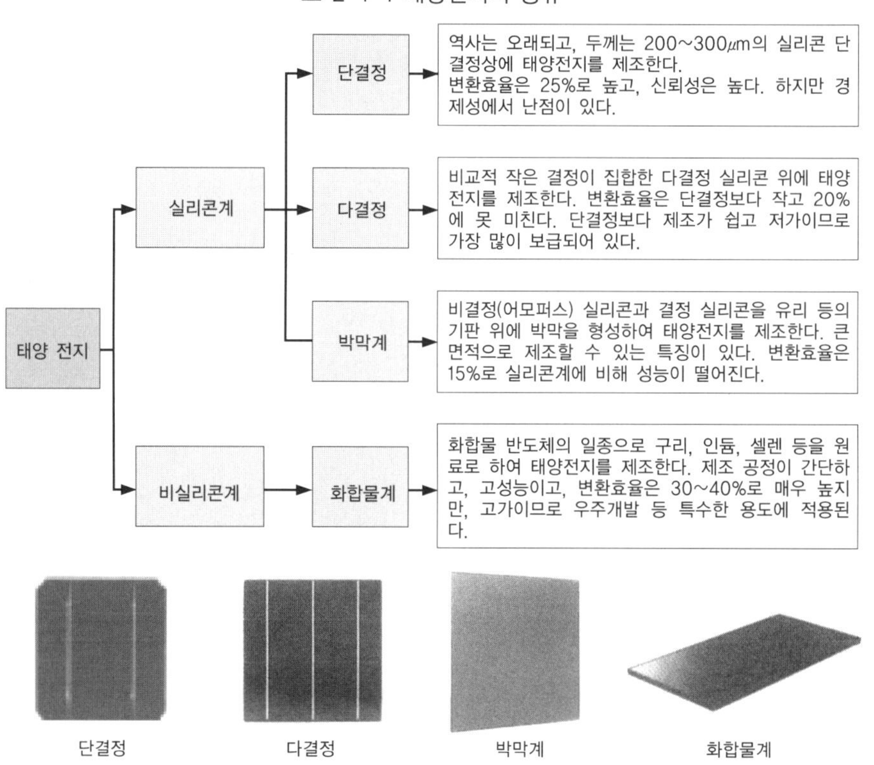

1-3 태양전지의 특성

태양전지의 전압, 전류(V–I) 특성을 그림 2-1-2에 나타냈다. 이 특성은 입사광 밀도 W_{in}에 따라 변화한다. 또, 온도에 따라서도 변화한다. V_{oc}는 전극을 개방했을 때의 전압이고, 개방전압이라 불린다. I_{SC}는 전극을 단락했을 때의 전류이고, 단락전류라 불린다.

태양전지의 동작전압과 동작전류에 대한 동작점 WP(발전전력)를 이 그림에 나타냈다. 동작전압에 따라서 발전전력은 변화하고, 그 전력이 최대(최적동작점)가 되는 최적동작전압과 최적동작전류가 존재한다. 이 때문에 태양광발전시스템에서는 파워컨디셔너에 의해 최적동작전압으로 자동 운전하는 최대 전력점 추종제어(MPPT)가 실행된다.

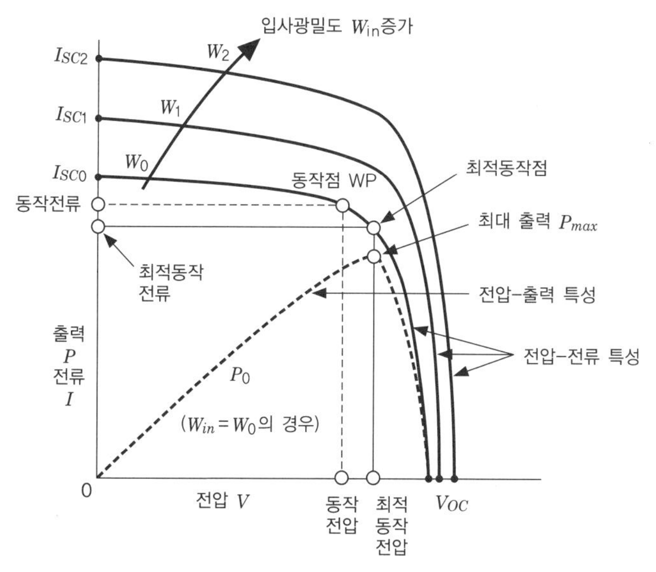

그림 2-1-2 태양전지의 전압, 전류 특성

1-4 연계형 시스템과 역조류의 유무

(1) 연계형 시스템과 독립형 시스템

태양광발전시스템은 태양전지 어레이, 파워 컨디셔너, 연계변압기 등을 주요 요소로 구성된다.

태양전지 어레이는 태양전지 셀을 집합체로 한 최소단위의 발전 유닛인 태양전지 모듈을 여러 개 결합시킨 받침대(기초)이다. 파워 컨디셔너는 태양전지에서 발전된 전기는 직류이기 때문에 이를 교류로 변환하는 인버터 기능과 전력계통에 연계하기 위해 필요한 계통연계 보호릴레이 기능을 갖춘 장치이다.

전력계통과 연계하여 운전되는 연계형 시스템과 전력계통과는 독립하여 운전

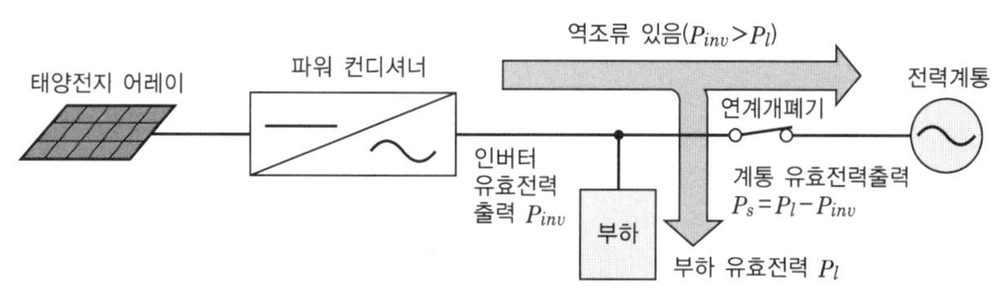

(a) 연계형(역조류 있음)

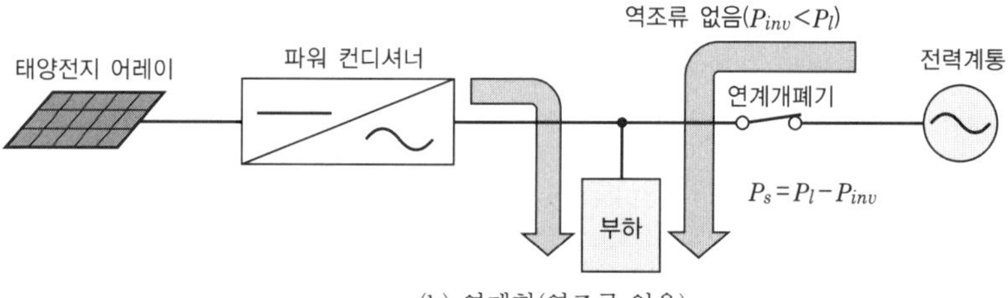

(b) 연계형(역조류 없음)

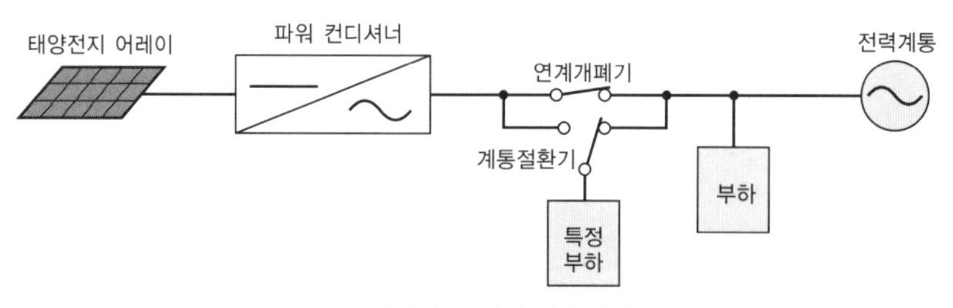

(c) 연계형, 독립형 절환 방식

그림 2-1-3 연계형 시스템

되는 독립형 시스템이 있다. 연계형은 **그림 2-1-3**과 같이 발전한 전기 중 자가 소비 시킬 수 없는 전력(잉여 전력)을 전력회사로 매전하는 역조류가 있는 경우와 이를 실시하지 않는 역조류가 없는 경우가 있다.

그림 2-1-3 (c)는 정전시에 연계운전으로부터 독립운전으로 절환되는 시스템이다.

(2) 가이드라인과 연계조건 및 계통연계 보호릴레이

「계통연계 기술요건 가이드라인」은 태양광발전시스템과 같은 분산형 전원의 도입 촉진에 이바지하기 위해 일반 전기사업자 및 도매 전기사업자 이외의 사람이 설치하는 발전설비(이를 통칭하여 분산형 전원으로 취급)를 계통에 연계할 경우의 기술요건으로 경제산업성에 의해 1986년에 최초로 공표되고 제작되었다.

그 후 몇 차례 개정을 거쳐, 2004년 10월에는 이 가이드라인이 「보안에 관련된 사항」과 「품질에 관련된 사항」으로 정리되고, 전자는 새롭게 「전기설비 기술기준 해석」(이하 전기해석이라고 함)에 규정이 추가되고, 후자는 「전력품질확보에 관련된 계통연계 기술요건 가이드라인」(이하, 단순히 가이드라인이라 함)으로 개정되어 현재에 이르고 있다.

태양광발전시스템에서는 인버터를 통해 계통연계되기 때문에 발전설비는 인버터로 간주된다. 인버터의 저압배전선과 고압배전선으로의 연계에 대해 전기해석과 가이드라인을 토대로 한 연계조건과 계통연계 보호릴레이를 **표 2-1-2**에 나타냈다.

전기해석과 가이드라인에서는 발전설비를 계통과 연계하기 위해 필요한 것에 관해서만 다루며, 구내의 단락, 지락사고를 검출, 제거하는 보호릴레이는 제외되어 있다. 하지만 발전설비 유무와 관계없이 이들의 사고를 검출, 제거하는 보호릴레이를 수전점에 설치하여 계통으로의 사고파급을 방지해야 한다.

인버터 고장시에 직류전류 유출에 따라 변압기의 자기포화에 따른 사고를 방지하기 위해서 인버터의 교류출력 측에 직류 유출 방지 변압기를 설치해야 한다. 단, 저압배전선 연계에 있어서는 인버터의 직류회로가 비접지이거나 또는 고주파 변압기를 사용하는 경우 등에는 이 변압기는 생략할 수 있다.

(3) 연계형 시스템의 구성 예

표 2-1-2와 같이 저압배전선에 연계할 수 있는 설비용량은 50kW 미만이므

표 2-1-2 연계계통과 계통연계 보호릴레이

연계계통		저압		고압	
설비용량		원칙으로 50kW 미만		원칙으로 2000kW 미만	
발전설비		인버터		인버터	
역조류의 유무		유	무	유	무
계통연계 보호 릴레이	구내측 사고 검출 OCR/OCGR	○	○	○	○
	발전설비 고장 검출 OVR/UVR(주 1)	○	○	○	○
	계통측 지락사고 검출 OVGR	–	–	○	○
	고저압 혼촉시 보호 단독 운전 검출 기능	○	○	–	–
	단독 운전 방지 OFR	○	–	○	–
	단독 운전 방지 UFR	○	○	○	○
	단독 운전 방지 RPR	–	○	–	–
	전송차단장치 또는 단독 운전 검출 기능	○(주 2)	–	○	–
	역충전 검출 기능	–	○	–	–
재폐로시의 사고방지 선로 무전압 확인 장치		–	–	○(주 3)	○(주 3)

(주) (1) 계통측 단락사고 검출의 UVR과 겸용 가능
(2) 전송차단장치의 적용은 불가능
(3) 생략 조건을 만족시키면 생략 가능

(보호릴레이)

릴레이 약칭	릴레이 명칭
OCR/OCGR	과전류 릴레이 / 지락 과전류 릴레이
OVR/UVR	과전압 릴레이 / 부족 전압 릴레이
OVGR	지락 과전압 릴레이
OFR/UFR	주파수 상승 릴레이 / 주파수 저하 릴레이
RPR	역전력 릴레이

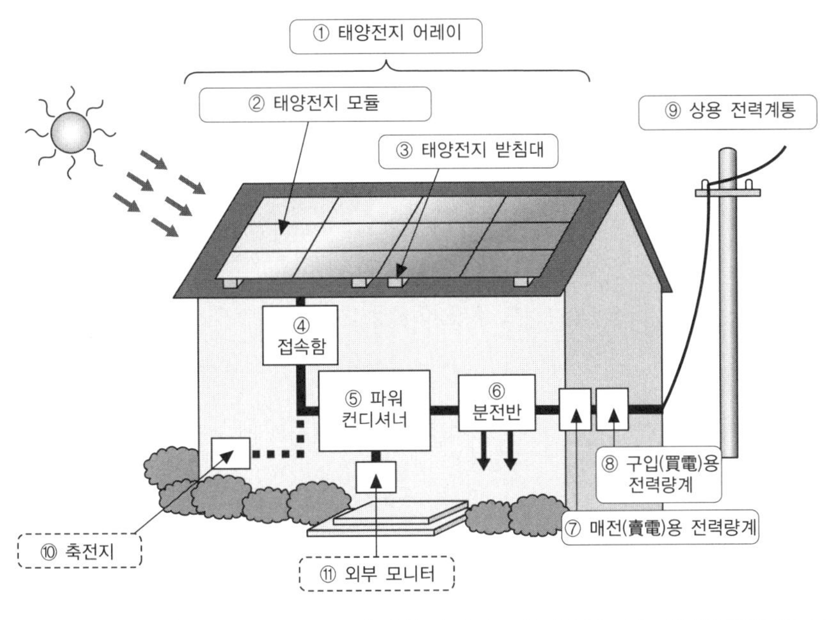

No.	구성 요소	설 명
①	태양전지 어레이	• 여러 개의 태양전지 모듈을 기계적, 전기적으로 받침대에 설치한 태양전지 어레이.
②	태양전지 모듈	• 태양에너지를 직접 전기에너지(직류)로 변환하는 패널
③	태양전지 받침대	• 태양전지 모듈을 소정의 경사각을 가지고 설치하기 위한 받침대 • 일반적으로는 강철과 알루미늄 합금제인 것이 많다. • 옥상건재형 모듈인 경우는 불필요한 경우가 있다.
④	접속함	• 블록마다 접속된 태양전지 모듈로부터의 배선을 하나로 합치기 위한 박스. • 태양전지 점검, 보수시 등에 사용하는 개폐기와 피뢰소자 외에 태양전지에 전기가 역류하지 않도록 하기 위한 역류 방지 다이오드도 내장하고 있다. • 파워 컨디셔너와 일체가 되어 있는 경우도 있다.
⑤	파워 컨디셔너	• 태양전지가 발생하는 직류전력을 최대한 끌어낼 수 있도록 제어함과 동시에 교류전력으로 변환한다. • 통상, 전력회사로부터의 배전선(상용 전력계통)에 악영향을 미치지 않도록 하는 연계보호장치를 내장하고 있다. • 자립운전기능을 갖추고 있고, 상용전력이 정전되었을 때에 특정 부하에 전력을 공급할 수 있는 것도 있다.
⑥	분전반	• 전력을 건물 내의 각 전기부하로 분배한다. • 파워 컨디셔너의 출력과 상용전력계통과의 연계점이 된다. • 태양광발전시스템의 전용 브레이커가 필요(내장 또는 별도).

⑦	판매용 전력량계	• 전력회사로 판매하는 역조류가 있는 경우의 시스템에 있어서 판매량(잉여 전력량)을 측정하기 위한 전력량계. 전력회사에 따라서는 수요자 측에서 비용을 부담할 필요가 있다. • 전력 판매의 계약종류에 따라서 기기가 다른 경우도 있어, 주의가 필요하다.
⑧	구입용 전력량계	• 전력회사로부터의 전기사용량(수요전력량)을 측정하기 위한 전력량계. 기존의 전력량계를 전력회사 측에서 역전방지가 설치된 것으로 변환한다.
⑨	상용전력계통	• 전력회사로부터의 상용전력계통. 주택용에서는 단상 3선식 100/200V
이하의 기기는 필요에 맞게 설치된다.		
⑩	축전지	• 일사량이 적을 때와 야간에 발전하지 않는 시간에 부하에서 요구하는 전력량을 보충하기 위해 전력저장을 할 수 있다. 또, 재해시의 백업전력을 공급하는 데 사용할 수 있다.
⑪	외부 모니터	• 발전전력량, 환경저감효과 등을 외부에 표시한다. 메이커에 따라 표준/옵션 또는 설정이 없는 경우가 있다.

그림 2-1-4 저압배전선연계의 주택용 태양광발전시스템 구성의 예
(출처 : 태양광발전협회, 태양광발전시스템 안내서 -기초편-)

로 주택용 태양광발전시스템은 저압연계 된다. 그 시스템 구성의 예를 **그림 2-1-4**에 나타냈다.

또, 고압배전선으로는 원칙으로 설비용량이 2000kW 미만까지 연계할 수 있기 때문에 산업·공공용 태양광발전시스템의 대부분은 고압연계 된다. 그 시스템 구성의 예를 **그림 2-1-5**에 나타냈다.

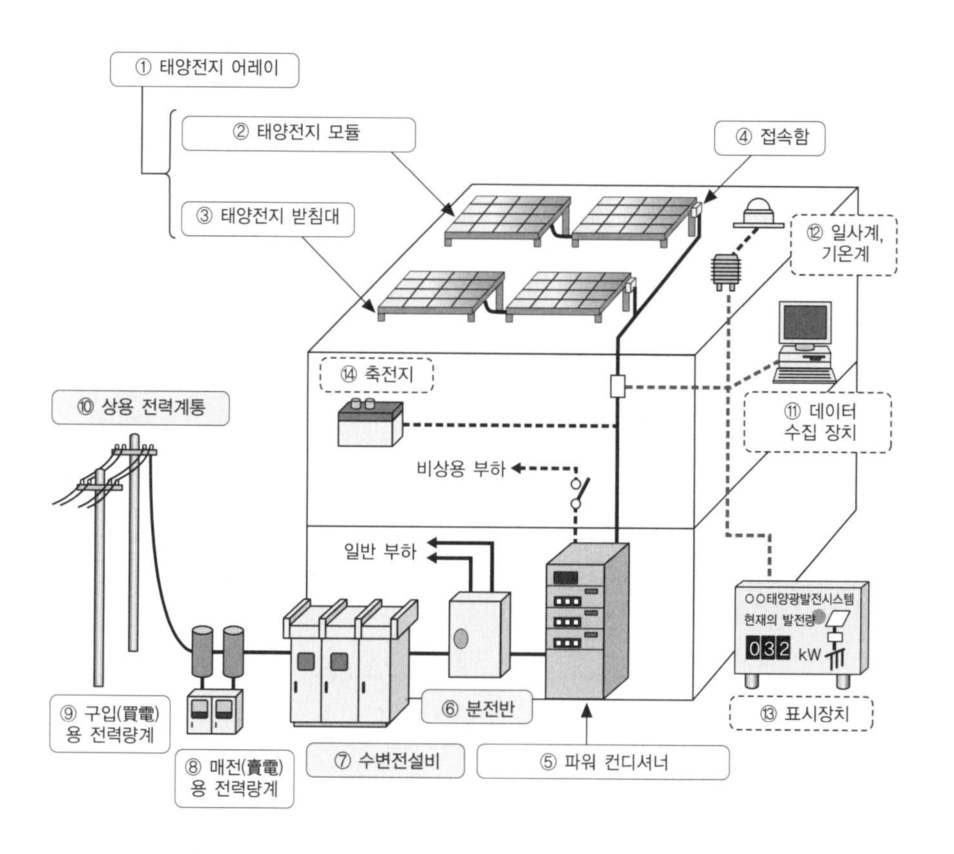

No.	구성 요소	설 명
①	태양전지 어레이	• 여러 개의 태양전지 모듈을 기계적, 전기적으로 받침대에 설치한 태양전지 어레이.
②	태양전지 모듈	• 태양광에너지를 직접 전기에너지(직류)로 변환하는 패널.
③	태양전지 받침대	• 태양전지 모듈을 소정의 경사각을 가지고 설치하기 위한 받침대. • 일반적으로는 강철과 알루미늄 합금제인 것이 많다. • 옥상건재형 모듈인 경우는 불필요한 경우가 있다.
④	접속함	• 블록마다 접속된 태양전지 모듈에서의 배선을 하나로 합치기 위한 박스. • 태양전지 점검, 보수시 등에 사용하는 개폐기와 피뢰소자 외에 태양전지에 전기가 역류하지 않도록 하기 위한 역류 방지 다이오드도 내장하고 있다. • 파워 컨디셔너와 일체가 되어 있는 경우도 있다.

⑤	파워 컨디셔너	• 태양전지가 발생하는 직류전력을 최대한 끌어낼 수 있도록 제어함과 동시에 교류전력으로 변환한다. • 통상, 전력회사로부터의 배전선(상용 전력계통)에 악영향을 미치지 않도록 하는 연계보호장치를 내장하고 있다. • 자립운전기능을 갖추고 있고, 상용전력이 정전되었을 때에 특정부하로 전력을 공급할 수 있는 것도 있다.
⑥	분전반	• 전력을 건물 내의 전기부하로 분배한다. • 파워 컨디셔너의 출력계통과 상용전력계통과의 연계점이 된다. • 태양광발전시스템의 전용 브레이커가 필요.
⑦	수변전설비	• 상용전력계통(6.6kV 등)을 수전하고 필요에 따라 저압의 동력전원(3상 3선식 200V), 전등전원(단상 3선식 200/100V)으로 변압한다. • 저압수전에서 본 설비가 없는 경우도 있다.
⑧	판매용 전력량계	• 전력회사로 판매하는 역조류가 있는 경우의 시스템에 있어서 판매량(잉여 전력량)을 측정하기 위한 전력량계. 전력회사에 따라서는 수요자 측에서 비용을 부담할 필요가 있다. • 전력 판매의 계약종류에 따라서 기기가 다른 경우도 있어, 주의가 필요하다.
⑨	구입용 전력량계	• 전력회사로부터의 전기사용량(수요전력량)을 측정하기 위한 전력량계. • 기존의 전력량계를 전력회사 측에서 역전방지가 설치된 것으로 변환한다.
⑩	상용전력계통	• 전력회사의 상용전력계통. 교류 3상 3선식 6.6kV와 200V 등.
		이하의 기기는 필요에 맞게 설치된다.
⑪	데이터 수집 장치	• 발전량 등의 데이터를 수집, 기록하기 위한 장치로 일반 컴퓨터 등을 이용하는 경우가 많다.
⑫	일사계, 기온계	• 일사량과 기온을 계측하기 위한 기기.
⑬	표시장치	• 발전전력, 발전전력량, 일사량 등을 PR용으로 표시한다.
⑭	축전지	• 주간 발전한 전력 등을 축적하여 야간에 사용하고 싶은 경우와 계통이 정전된 재해시 등에 사용할 수 있다. 이 경우에는 충·방전의 제어 유닛과 축전지 접속용 접속함 등도 필요해진다.

그림 2-1-5 고압배전선 연계의 산업, 공공용 태양광발전시스템 구성의 예

(출처 : 태양광발전협회, 태양광발전시스템 안내서 -기초편-)

1-5 태양광발전시스템의 기본 구성

태양광발전시스템의 기본 구성을 그림 2-1-6에 나타냈다. 이 시스템은 태양전지 어레이, 접속함, 파워 컨디셔너, 연계변압기, 연계차단기 등으로 구성된다.

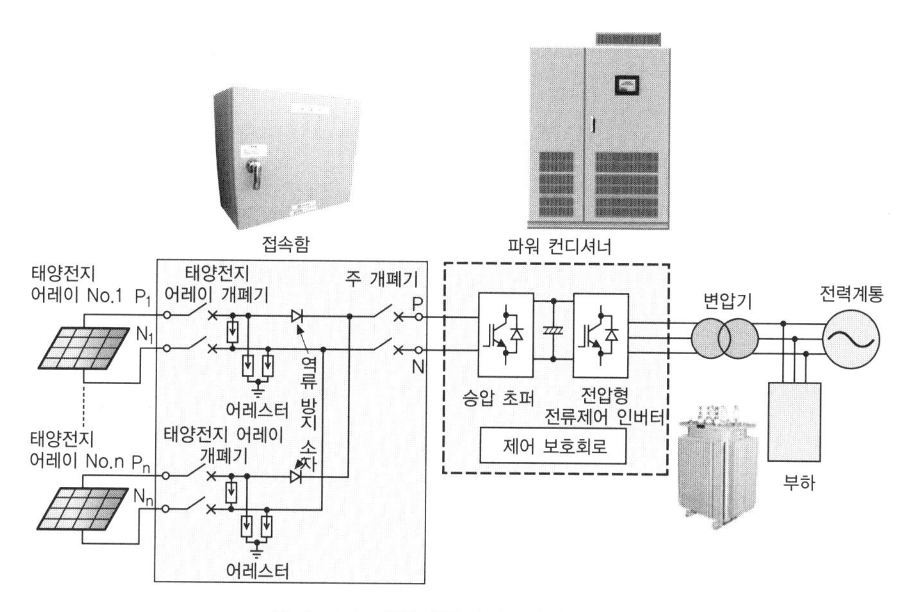

그림 2-1-6 태양광발전시스템의 기본 구성

1-6 태양전지 어레이

p형 반도체와 n형 반도체를 10~15cm 정도의 판모양 실리콘에 pn접합하여 생성한 태양전지 셀은 태양전지의 최소단위이다. 그 출력전압은 0.5~1.0V로 낮기 때문에 소정의 전압, 전력(예 : 50V, 200W)을 얻기 위해 **그림 2-1-7**과 같이 복수의 태양전지 셀을 조합하여 옥외 사용할 수 있도록 수지와 유리로 보호하고 패키지화하여 태양전지 모듈을 구성한다. 게다가 출력전압(200~300V 정도)을 확보하기 위해, 복수의 태양전지 모듈을 직렬 접속하여 **그림 2-1-8**에 나타낸 스트링을 구성한다. 보다 높은 전력(전류)을 얻기 위해 복수의 스트링을 병렬접속하고 옥상 등에 설치할 수 있도록 이를 금속제 받침대에 설치하여 태양전지 어레이를 구성한다.

스트링을 구성하는 각각의 태양전지 모듈에는 바이패스 소자가 설치되어 있다. 이는 음지가 된 태양전지 모듈에는 발전하고 있는 모듈의 개방전압의 총합과 같은 역방향전압이 가해지기 때문에 이 전압으로부터 보호하기 위해 각 태양전지 모듈에는 역병렬 다이오드의 바이패스 소자가 설치되어 있다.

태양광전지 어레이는 스트링과 이에 병렬로 접속된 역류 방지 소자, 서지 전압으로부터 태양전지를 보호하는 어레스터와 개폐기 및 접속함으로 구성된다.

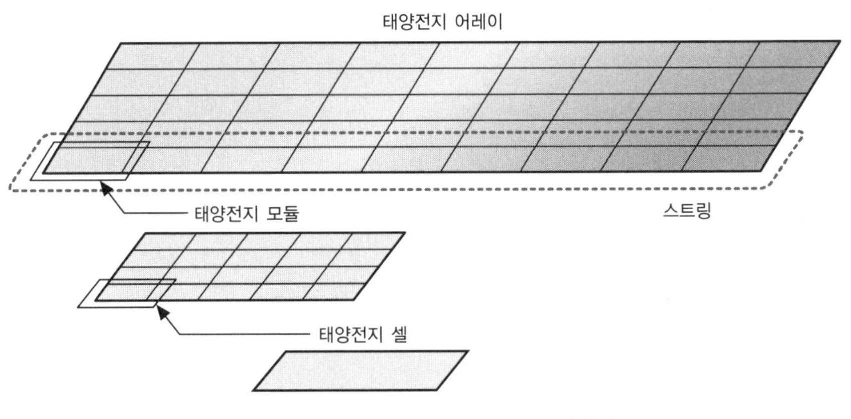

그림 2-1-7 태양전지 셀, 모듈, 어레이

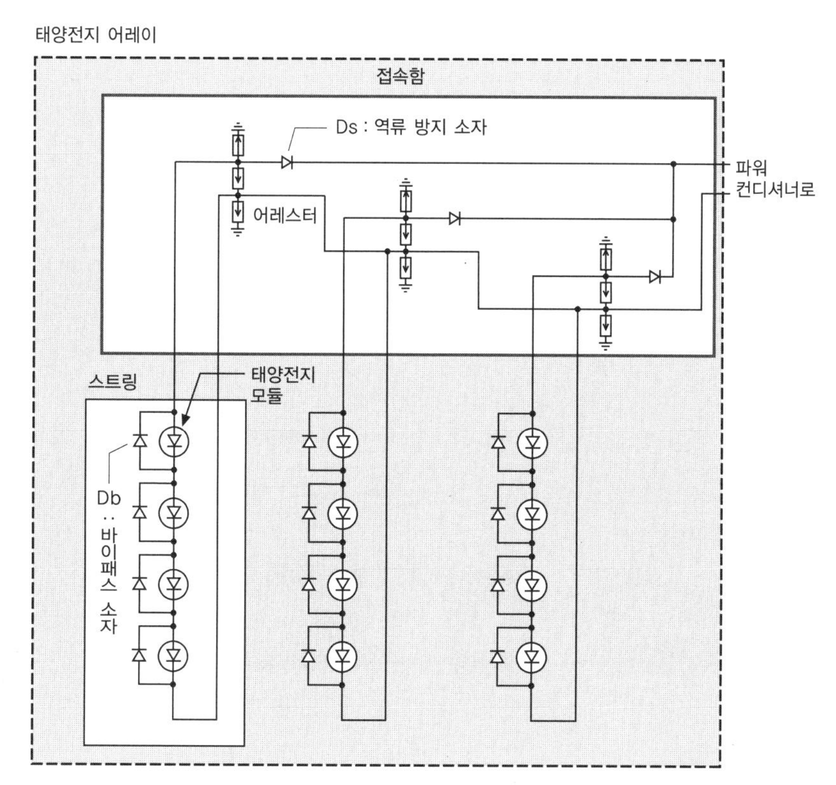

그림 2-1-8 태양전지 어레이의 구성

1-7 파워 컨디셔너

파워 컨디셔너는 **그림 2-1-9**와 같이 DC/DC 컨버터(승압 초퍼), 인버터, 이들의 감시, 제어회로로 구성된다. 이 회로에서 DC/DC 컨버터의 전압제어(MPPT 제어), 인버터의 전압 및 전류제어, 계통연계보호, 단독 운전 검출, 태양광발전시스템의 원격 감시 및 제어를 수행한다.

(1) DC/DC 컨버터(승압 초퍼)

태양전지 어레이에서 출력되는 직류 전압은 DC/DC 컨버터에 의해 승압되어 인버터에 입력된다. DC/DC 컨버터는 리액터와 다이오드 및 IGBT(주) 등의 스위칭 소자로 구성되며 태양전지에서 추출한 전력을 최대로 하는 MPPT 제어(최대

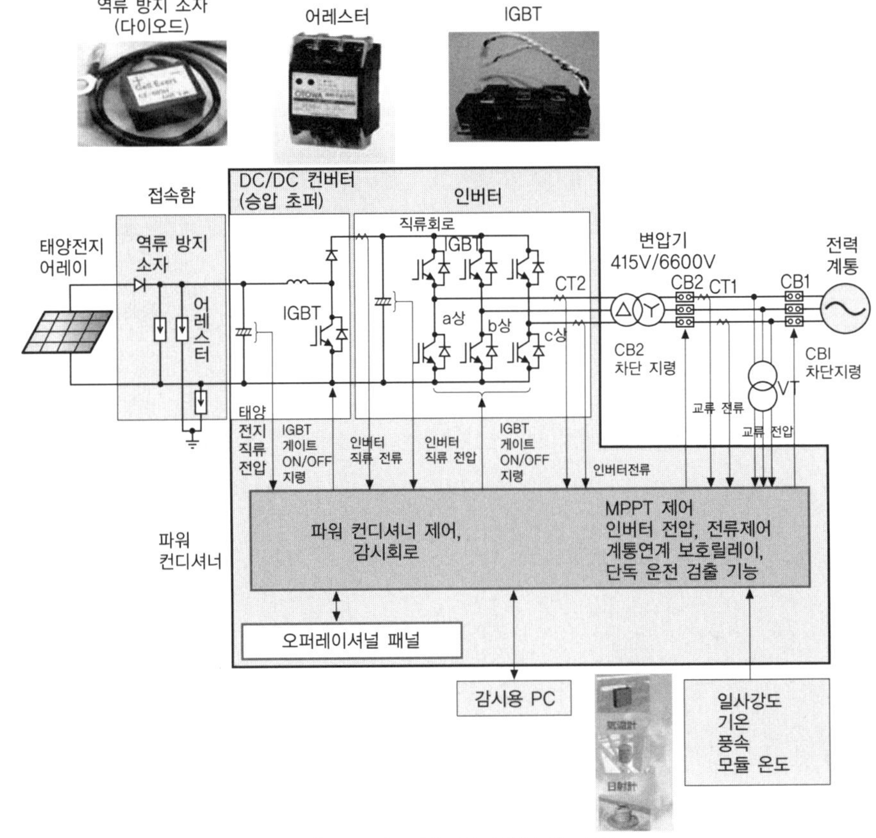

그림 2-1-9 파워 컨디셔너의 구성

전력점 추종 제어)를 수행하기 위해, 다음에 서술하는 PWM 제어에 따라 그 입력 전압(태양전지 어레이 출력전압)을 최적 동작 전압으로 제어한다.

그림 2-1-10(a)에 DC/DC 컨버터의 기본 구성을 나타냈다.

그림 2-1-10(b)와 같이 변조파와 반송파(삼각파나 톱니파)를 비교하여 변조파가 큰 기간만 IGBT를 ON으로 한다. (c)그림에 IGBT가 ON, (d)그림에 IGBT가 OFF일 때의 회로를 나타냈다. DC/DC 컨버터의 입력 전압을 E_{dc1}, 출력전압을 E_{dc2}로 한다. IGBT가 ON 기간(T_{on})의 리액터 전압 E_L은 E_{dc1}이 되고, IGBT가 OFF인 기간($T-T_{on}$)에는 $E_{dc1}-E_{dc2}$가 된다. 리액터 전압 E_L의 한 주기 평균값은 제로가 되어야 리액터가 포화되지 않으므로

다음 식이 성립한다.

$$E_{dc1} \cdot T_{on} + (E_{dc1} - E_{dc2})\ (T - T_{on}) = 0 \qquad (2\text{-}1)$$

따라서,

$$E_{dc2} = \frac{1}{1-\alpha} E_{dc1} \qquad (2\text{-}2)$$

단, 듀티비 : $\alpha = \dfrac{T_{on}}{T}$

출력전압과 입력전압과의 비는 IGBT ON 기간 T_{on}과 반송파주기 T와의 비(듀티비)에서 결정되므로, 이 비를 변환함에 따라 전압제어할 수 있다. 즉, 인버터의 입력전압을 일정하게 제어하고, 변조파의 크기를 변화시켜(반송파의 크기는 일정) 태양전지 어레이의 출력전압을 그 출력전력이 최대가 되는 최적동작전압으로 제어한다.

주

IGBT : 절연 게이트형 바이폴러 트랜지스터(Insulated Gate Bipolar Transistor)의 약칭. MOS-FET를 게이트부로 넣은 바이폴러 트랜지스터로서 전력제어 용도로 사용된다. 전기에너지를 제어하기 위해 사용되는 전력용 반도체 스위칭 소자의 하나로 인버터 회로와 DC/DC 컨버터 등으로 많이 이용되고 있다.

(2) 인버터 회로

인버터는 입력 직류전압이 일정한 전압형이고, 전류제어에 의해 유효, 무효전력을 제어하는 전압형 전류제어 방식의 인버터가 많이 적용되고 있으므로 이 원리에 대해서 설명한다.

그림 2-1-11과 같이 인버터는 6개의 스위치 a상(S_a^+, S_a^-), b상(S_b^+, S_b^-), c상(S_c^+, S_c^-)으로 구성되며, 스위칭 소자로써 IGBT가 사용된다.

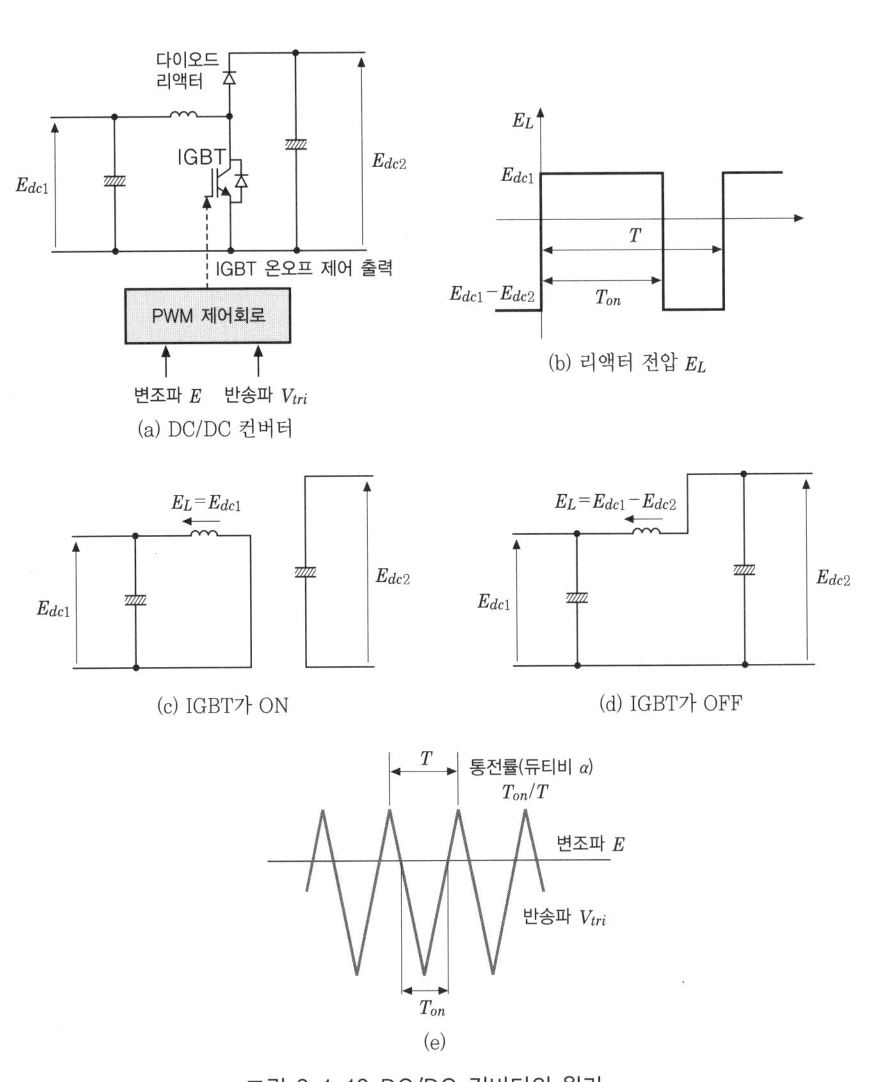

그림 2-1-10 DC/DC 컨버터의 원리

유도부하에 대해서는 전류위상이 전압위상보다 늦기 때문에 **그림 2-1-9**와 같이 IGBT에 역병렬 환류 다이오드를 접속하여 지연 전류를 공급한다. 출력전압의 고조파를 저감하기 위해 다음에 서술하는 PWM 제어를 실시한다. 즉, 계통전압을 기준으로 출력전압의 크기와 위상을 제어하여 (2-7), (2-8)식과 같이 유효, 무효전력 P_s, Q_s를 출력한다. a, b, c상 인버터 출력전압에 해당하는 변조파를 E_{as}, E_{bs}, E_{cs}로 하고, 반송파를 V_{tri}(삼각파)로 한다. 변조파의 크기와 반송파의 크기를 비교하여 다음 조건에 따라 각 상의 스위치를 ON, OFF 한다.

a상 $E_{as} > V_{tri}$ S_a^+ : ON, S_a^- : OFF
$E_{as} < V_{tri}$ S_a^+ : OFF, S_a^- : ON
b상 $E_{bs} > V_{tri}$ S_b^+ : ON, S_b^- : OFF
$E_{bs} < V_{tri}$ S_b^+ : OFF, S_b^- : ON
c상 $E_{cs} > V_{tri}$ S_c^+ : ON, S_c^- : OFF
$E_{cs} < V_{tri}$ S_c^+ : OFF, S_c^- : ON

그림 2-1-11과 같이 기간 T_{a1}에서는 $E_{as} > V_{tri}$이므로 a상 스위치 S_a^+는 ON, S_a^-는 OFF가 되고, a상 인버터 출력 전압 E_a는 E_d가 된다. 기간 T_{a2}에서는 $E_{as} < V_{tri}$이므로 S_a^+는 OFF, S_a^-는 ON이 되고, E_a는 0이 된다. 마찬가지로 기간 T_{b1}에서는 $E_{bs} > V_{tri}$이므로 b상 스위치 S_b^+는 ON, S_b^-는 OFF가 되고, E_b는 E_d, 기간 T_{b2}에서는 $E_{bs} < V_{tri}$이므로 b상 스위치의 ON, OFF 상태는 반대가 되고, E_b는 0이 된다.

각 상 출력전압의 기본파(변조파주파수)의 위상은 변조파의 위상과 같아진다. ab상 선간 전압 $E_{ab}(=E_a-E_b)$는 $E_a=E_d$, $E_b=0$인 기간은 E_d, $E_a=E_d$, $E_b=E_d$의 기간은 0, $E_a=0$, $E_b=E_d$의 기간은 $-E_d$가 되고, E_{ab}의 위상은 변조파 E_{as}, E_{bs}에 대해서 $E_{as}-E_{bs}$(변조파의 ab상 선간 전압)의 위상과 동일하다.

각 상 출력전압(기본파)의 위상은 변조파(E_{as}, E_{bs}, E_{cs})의 위상과 같아지므로 변조파의 위상을 바꾸는 것에 따라 출력전압의 위상, 즉, 유효전력출력이 제어된다. 출력전압의 크기는 변조파의 크기와 반송파의 크기와의 비(변조도)에 비례하기 때문에 변조파의 크기를 바꾸는 것에 따라 출력전압의 실효치, 즉, 무효전력을 제어할 수 있다. 반송파의 주파수를 변조파의 주파수에 비해 충분히 큰 값으로 선택하면 출력전압에 포함되어 있는 유력한 고조파의 최저주파수는 반송주파수의 2배에 가까워진다. 이 때문에 반송파주파수를 수 kHz로 하고(그림 2-1-11의 반송파주파수는 1kHz) 또, 간단한 저역통과(Low Pass) 필터를 부가함에 따라 고조파를 제거할 수 있다. 선간전압 V_{ab}는 저역통과 필터를 통한 ab상 선간전압을 나타낸다.

(3) 인버터의 전압, 전류제어

인버터는 직류전압을 교류전압으로 변환하는 전력변환장치이고, 주회로는 전력용 반도체 소자인 IGBT로 구성된다. 인버터는 연계변압기나 연계리액터를 통해 계통에 연계한다. 인버터의 출력전압의 주파수는 계통전압의 주파수와 같아

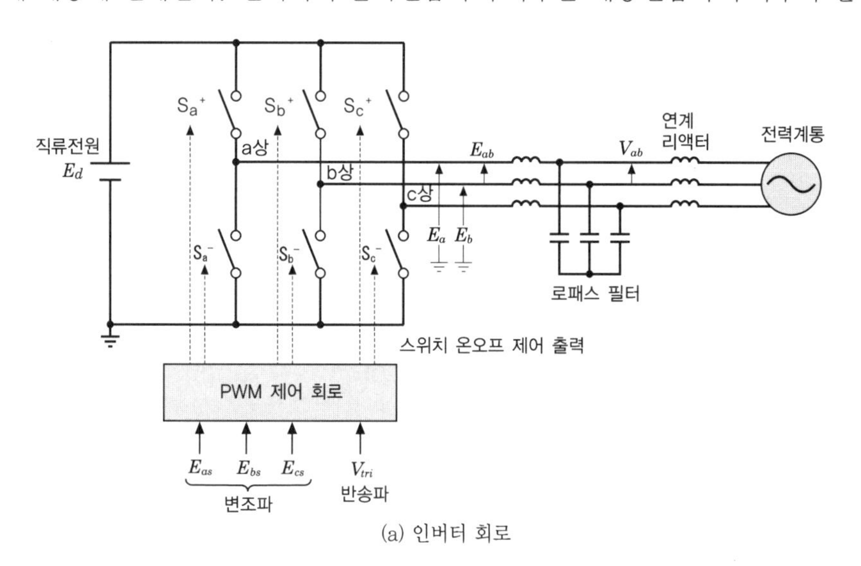

(a) 인버터 회로

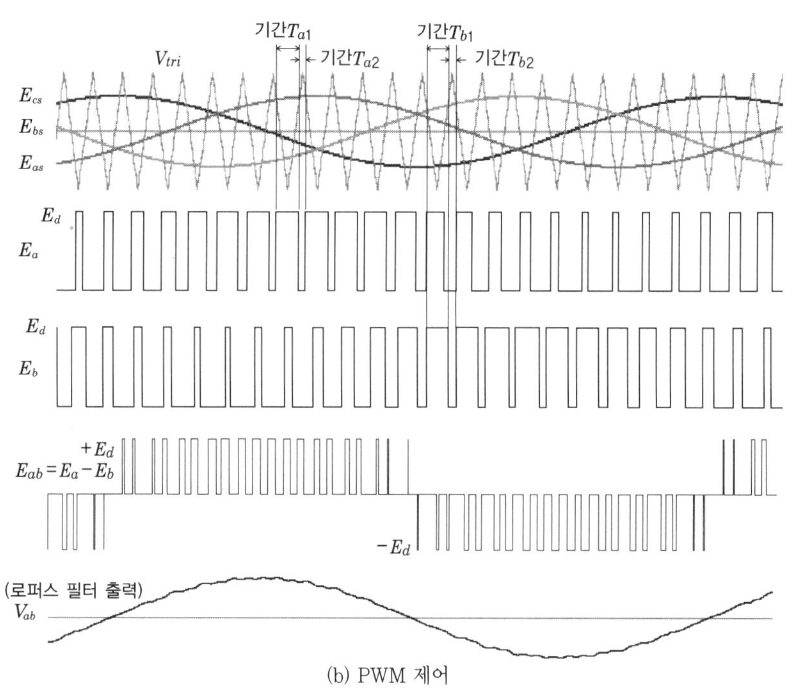

(b) PWM 제어

그림 2-1-11 PWM 제어 인버터의 원리

지도록 제어되며 인버터의 유효전력제어 목표값과 무효전력제어 목표값에 맞게 인버터 출력전압의 크기와 위상이 제어된다.

그림 2-1-12(a)와 같이 인버터는 전력계통과 연계리액터(또는 연계변압기)를 사이에 두고 연계되고, 그 리액턴스를 X라 한다. 인버터 출력전압을 E_i, 계통전압을 E_s, 인버터 전류는 I_i, 계통으로 출력되는 유효, 무효전력을 P_s, Q_s로 한다.

또, 이들 전압, 전류파형과 벡터도를 (b)그림, (c)그림에 나타냈다. 계통전압 E_s를 기준벡터로써, 이에 대해 인버터 출력전압 E_i의 위상을 진상으로 한다. 계통전압 E_s에 대한 인버터 출력전류 I_i의 위상을 지연 θ_l로 한다. (c)그림의 벡터도로 계통전압 E_s에 대한 인버터 출력전압 E_i의 동상성분 E_{id}와 직각성분 E_{iq}는 다음과 같다.

동상성분 : $E_{id}=E_s+XI_i\sin\theta_l=E_i\cos\theta_i$ (2-3)

직각성분 : $E_{iq}=XI_i\cos\theta_i=E_i\sin\theta_i$ (2-4)

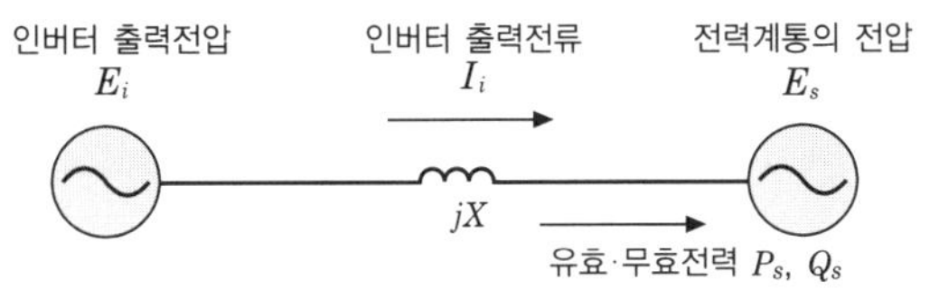

(a) 등가회로

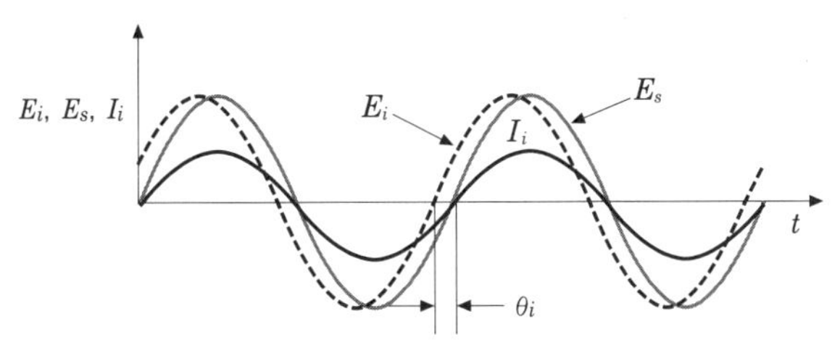

(b) 전압과 전류의 위상관계

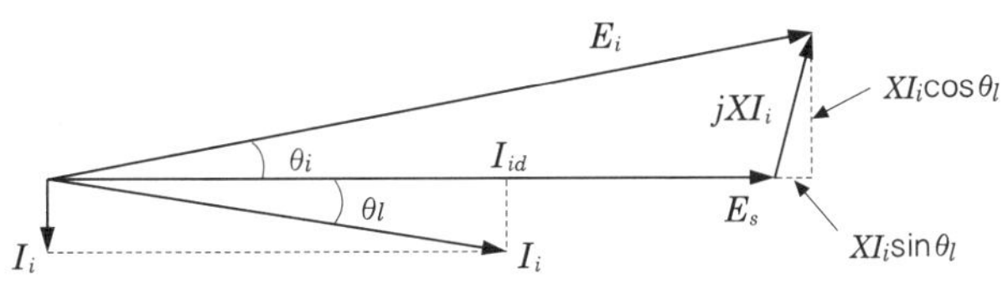

(c) 전압과 전류의 벡터도

그림 2-1-12 유효전력, 무효전력제어

계통으로 출력되는 유효, 무효전력 P_s, Q_s는 다음 식으로 나타낼 수 있다.

$$P_s = E_s \cdot I_i \cos\theta_l = E_s \cdot I_{id} \quad (2-5)$$

$$Q_s = E_s \cdot I_i \sin\theta_l = E_s \cdot I_{iq} \quad (2-6)$$

단, $I_i\cos\theta_l$은 유효전류 I_{id}, $I_i\sin\theta_l$은 무효전류 I_{iq}이다.

(2-5)식에 (2-4)식을 (2-6)식에 (2-3)식을 대입한다. 인버터 출력전압 E_i의 위상 θ_i는 작기 때문에 $\cos\theta_i \fallingdotseq 1$, $\sin\theta_i \fallingdotseq \theta_i$로 하면 유효, 무효전력 P_s, Q_s는 다음 식으로 근사된다.

$$P_s = \frac{E_s E_i}{X}\sin\theta_i \fallingdotseq \frac{E_s E_i}{X}\theta_i \quad (2-7)$$

$$Q_s = \frac{E_s E_i \cos\theta_i - E_s^2}{X} \fallingdotseq \frac{E_s(E_i - E_s)}{X} \quad (2-8)$$

(2-7)식으로 계통전압 E_s는 일정하기 때문에 유효전력 P_s는 인버터 출력전압의 크기와 그 위상 θ_i(단위 라디안) 곱에 비례한다. 인버터에서 계통으로 유효전력이 출력되기 때문에 위상 θ_i의 부호는 정(正)(E_i의 위상은 E_s에 대해 앞섬)이 된다. 또, (2-8)식으로 무효전력 Q_s는 계통전압의 크기와 인버터 출력전압의 크기와의 차 $E_i - E_s$에 비례하고, $E_s < E_i$의 경우는 지상 무효전력, $E_s > E_i$의 경우는 진상 무효전력이 출력된다. 통상은 역률 1로 운전되므로 (그림 2-1-12(b)와 같이 I_i는 E_s와 동상) 이 차는 0($E_s = E_i$, 계통전압과 인버터 출력전압의 크기는 같음)이다. 인버터의 제어 블록을 **그림 2-1-13**에 나타냈다. 계통 측 전압과 인버터 전류에서 연산된 유효, 무효전력 P_s, Q_s는 유효전력 제어기(APR), 무효전력 제어기(AQR)로 입력된다. 이 값들은 각각 유효전력 목표값과 무효전력 목표값과 비교 제어되어 유효, 무효전류제어 목표값이 출력된다. 이들 출력은 전류제어기(ACR)로 입력되고, 인버터 전류에서 측정된 유효, 무효전류는 이들 제어목표값에 일치하도록 전류제어된다.

게다가 (2-3), (2-4)식을 토대로 인버터 출력전압 E_i의 동상성분 E_{id}와 직각성분 E_{iq}으로부터 각 상의 변조파가 연산된다. 변조파와 반송파에 의해 PWM 제어되어 인버터의 IGBT로 ON/OFF신호가 출력된다. 이 결과 (2-7), (2-8)식의 유효, 무효전력이 출력된다.

유효전력 목표값은 인버터 입력전압, 전류로 계산되는 전력의 목표값이며 이것은 곧 태양전류 어레이 출력이 된다. 이 결과, 인버터의 입력전압(직류단 전압)은 일정하게 제어된다. 무효전력 제어목표값은 통상적으로 역률 1운전되기

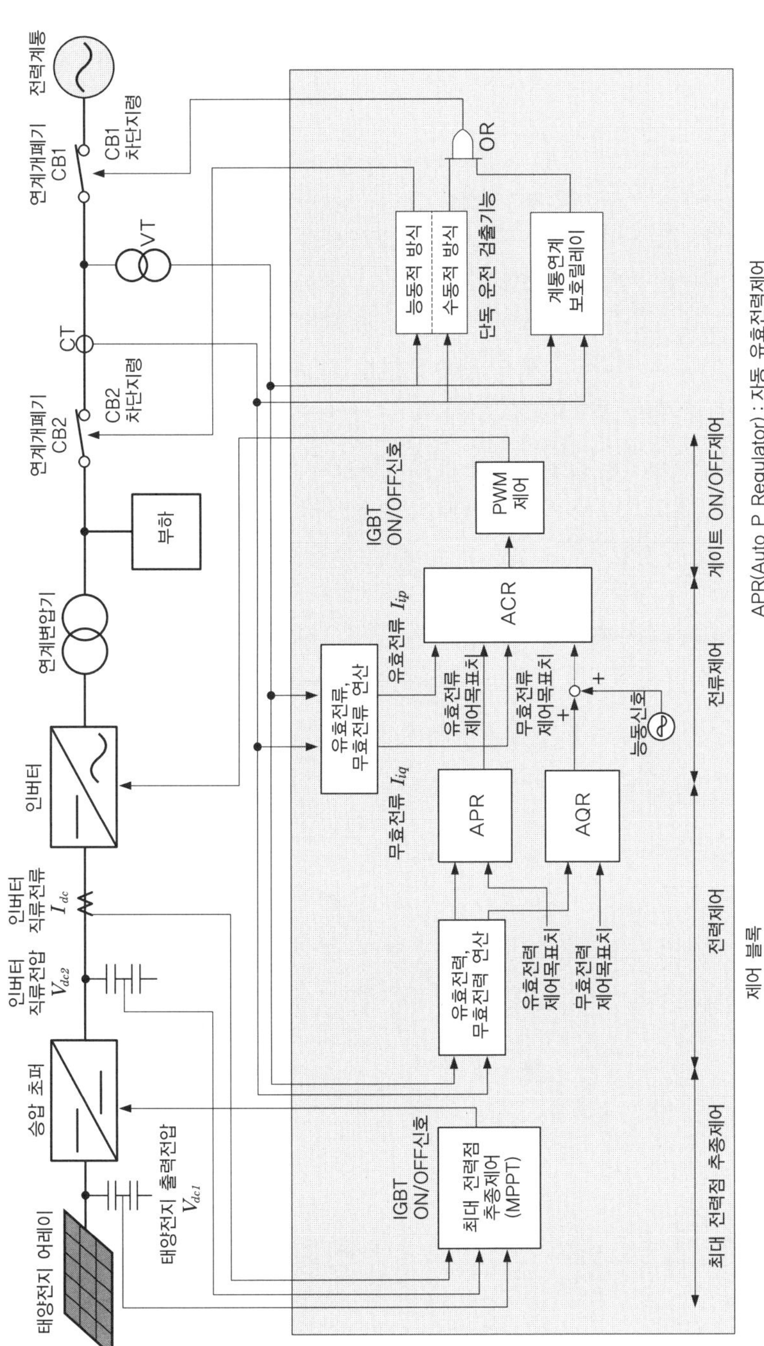

APR(Auto P Regulator) : 자동 유효전력제어
AQR(Auto Q Regulator) : 자동 무효전력제어
ACR(Auto Current Regulator) : 자동 전류제어
PWM(Pulse Width Modulation) : 펄스폭 변조
MPPT(Maximum Power Point Tracking) : 최대 전력점 추종제어

그림 2-1-13 제어블록도

때문에 0 으로 설정된다. 태양광발전시스템에 적용되는 인버터는 전압형 인버터로서 상기와 같이 전류제어기(ACR)로 제어하는 전압형 전류제어 방식 인버터가 주류이다.

(4) MPPT 제어(최대 전력점 추종제어)

그림 2-1-14와 같이 태양전지 어레이의 출력전압 – 출력전력 특성($P-V$ 특성)은 산과 비슷한 모양이 되고, 일사량과 온도에 따라 변화한다. 이 특성 그래프에서 출력전력(P_{max})이 최대가 되는 최적동작전압(V_{pm})이 존재하는 것을 알 수 있다. 이 때문에 태양전지 어레이의 출력전압을 DC/DC 컨버터를 제어하여 최적동작전압으로 운전하는 MPPT 제어(최대 전력점 추종제어)가 수행된다. 태양전지의 $P-V$ 특성은 온도와 일사량에 따라 변화하므로 이 특성을 미리 데이터 테이블에 기록해 두고, 일사량과 온도의 측정값에 맞게 이 테이블에서 읽어낸 최적동작전압으로 운전함에 따라 MPPT 제어를 실시한다. 이 방법은 순시에 제어할 수 있지만 패널 표면의 오염과 특성열화에 따른 $P-V$ 특성 변화에 대응할 수 없다. 이 때문에 실제에는 다음과 같은 MPPT 방법 등이 적용되고 있다.

이는 산 정상의 최대전력을 목표로 태양전지 어레이 전압을 제어한다. 동작전압 A점(전압 V_1, 전력 P_1)에서 전압을 V_1에서 V_2로 변화시키면 전력은 P_1에서 P_2

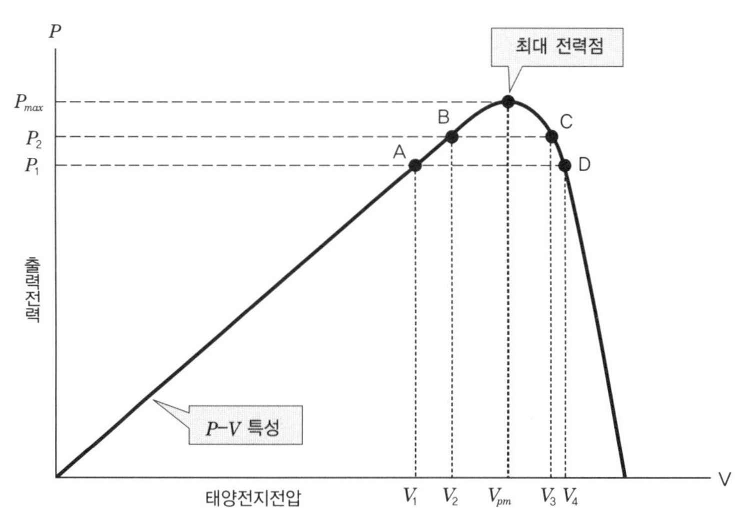

그림 2-1-14 MPPT 제어(최대 전력점 추종제어)의 원리
(출처 : NEDO 태양광발전 필드 테스트 사업에 관한 가이드라인 –기초편–)

로 변화한다. 이 때 전압변화 $\Delta V_1(=V_2-V_1)$에 대한 전력변화 $\Delta P_1(=P_2-P_1)$의 기울기 $\Delta P_1/\Delta V_1$을 구한다.

이 부호가 플러스(+)인 경우에는 최대 전력점은 오른쪽에 있으므로 더욱 태양전지 어레이의 전압을 올리고, 이 기울기가 0이 되면 최대전력을 얻을 수 있으므로 이때의 전압을 최적동작전압으로 보고 운전한다.

동작전압이 최대 전력점보다 오른쪽에 있으면 전압변화에 대한 전력변화의 기울기는 마이너스(−)가 된다. 이 경우에는 기울기가 0이 될 때 까지 태양전지 어레이의 전압을 낮추고, 이 기울기가 0이 되면 그 때의 최적동작전압으로 운전한다.

1-8 계통연계 보호릴레이(단독 운전 검출기능)

「계통연계 기술요건 가이드라인」은 분산형 전원의 도입 촉진 때문에 전력회사 이외의 사업자가 발전설비를 계통에 연계하는 경우의 기술요건으로써 경제산업성(구 통상산업성)에 의해 1986년에 최초로 작성되고 공표되었다. 그 후 여러 번의 개정을 거쳐 2004년에는 가이드라인이 「보안에 관련된 사항」과 「품질에 관한 사항」으로 정리되어 전자는 「전기해석」 규정으로, 후자는 「전력품질 확보에 관련된 계통연계 기술요건 가이드라인」으로 개정되어 현재에 이르고 있다.

(1) 저압배전선 연계

「전기해석」에서 일반 전기사업자, 도매 전기사업자 이외의 사업자가 일반 전기사업자(한전)의 저압배전선에 발전설비를 연계하는데 있어서는 다음의 경우에 자동적으로 발전설비 등을 전력계통으로부터 분리할 수 있는 장치를 시설할 것

표 2-1-3 인버터 방식의 분산형 전원의 저압연계 보호릴레이 일람

발전기의 종류	인버터		비고
보호대상	역조류 있음	역조류 없음	
구내고장시의 사고파급 방지	OCR-H(2상)(주1), OCGR(1상)(주1)		OCR-H : 과전류 계전기 OCGR : 지락 과전류 계전기 OVR : 과전압 계전기 UVR : 부족 전압 계전기 OFR : 주파수 상승 계전기 UFR : 주파수 저하 계전기 RPR : 역전력 계전기
발전설비 고장시의 계통보호	OVR(주2)(1상), UVR(주2)(3상)		
계통 측 단락 고장시 보호	UVR(주3)(3상)		
고저압 혼촉시 보호	단독 운전 검출기능(수동적 방식)		
단독 운전 방지(주6)	OFR UFR 단독 운전 검출 기능(주4)	UFR RPR 역충전 검출 기능(주5)	

(1) 발전설비 설치 구내의 단락, 지락사고를 구내에서 신속하고 확실하게 검출, 제거하여 계통으로의 파급을 방지한다.
(2) 발전설비 자체의 보호장치로 보호할 수 있는 경우는 생략 가능.
(3) 발전기 설비 고장시의 계통보호용 UVR과 겸용 가능.
(4) 수동적 방식 및 능동적 방식 각각을 1방식 이상.
(5) 수동적 방식 및 능동적 방식 각각을 1방식 이상을 포함한 단독 운전 검출 기능에 의해 대용 가능.
(6) 역조류가 없는 인버터를 사용한 발전설비의 연계로, 그 출력이 계약전력에 비해 매우 작은 경우, 또는 계통전압에 영향을 주는 경우가 없는 경우, 역조류가 있는 경우의 단독 운전 방지에 관련된 보호계전장치를 설치하는 것으로 대용 가능.

을 요구하고 있다.

① 발전설비 등에 이상 또는 고장이 생긴 경우

② 연계된 전력계통에 단락사고 또는 지락사고가 생긴 경우

③ 발전설비 등이 단독 운전이 된 경우 또는 역충전 상태가 된 경우

태양광발전시스템과 같은 역변환장치(인버터)를 가진 분산형 전원을 저압연계하는 경우에 필요한 계통연계 보호릴레이를 표 2-1-3에 나타냈다.

단독 운전이란 발전설비 등이 연계하고 있는 전력계통이 사고 등에 따라 계통전원과 분리된 상태에서 연계하고 있는 발전설비 등의 운전만으로 발전을 계속하여, 선로 부하에 유효전력을 공급하고 있는 상태를 말한다. 그림 2-1-15에 배

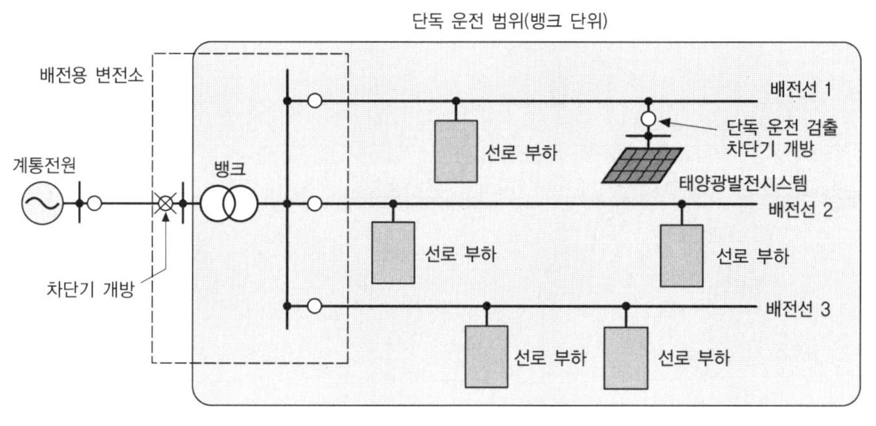

(a) 단독 운전 예 1

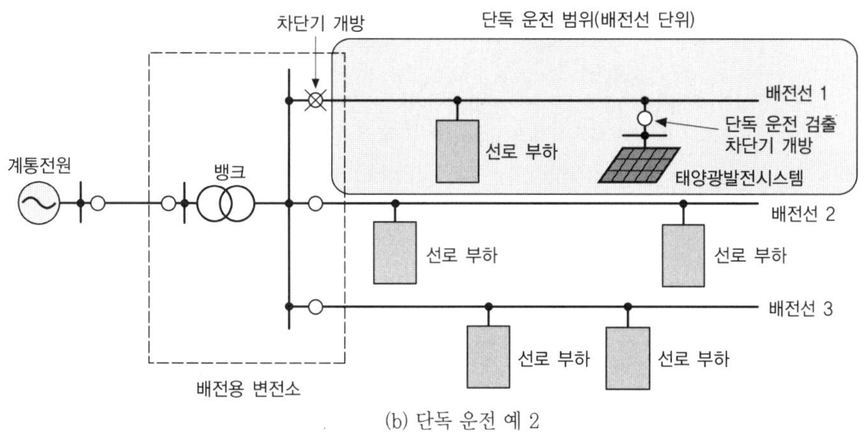

(b) 단독 운전 예 2

그림 2-1-15 단독 운전 예

표 2-1-4 인버터를 가지는 분산형 전원의 고압연계 보호릴레이 일람

발전기의 종류		인버터	
보호 대상		역조류 있음	역조류 없음
구내고장시의 사고파급 방지		OCR-H(2상)[주1], OCGR(1상)[주1]	
발전설비 고장시 계통보호		OVR[주2](1상), UVR[주2](3상)	
계통 측 단락 고장시 보호		UVR[주3](3상)	
계통 측 지락 고장시 보호		OVGR[주4](1상)	
단독 운전 방지[주]	OFR[주5]	○	–
	UFR	○	○[주6]
	RPR[주7]	–	○
	전송차단 검출장치 또는 단독 운전 검출장치[주8]	○	–
재폐로시의 사고 방지		선로 무전압 확인 장치[주9]	

주

○ : 설치가 필요, – : 설치가 불필요

(1) 발전설비 설치 구내의 단락, 지락사고를 구내에서 신속하고 확실하게 검출, 제거하여 계통으로의 파급을 방지한다.
(2) 발전설비 자체의 보호장치로 보호할 수 있는 경우는 생략 가능.
(3) 발전설비 사고시의 계통보호용 UVR과 겸용 가능.
(4) 발전기 설비용 OVGR에서 검출할 수 있는 경우에는 생략 가능.
구내 저압 측에 연계하는 역변환장치를 이용한 발전설비로, 발전설비의 출력용량이 수전전력용량에 비해 매우 작고, 단독 운전 검출 기능 등에 따라 고속으로 정지 또는 분리할 수 있는 경우에는 생략 가능.
(5) 전용선 연계인 경우에는 생략 가능.
(6) 전용선 연계라서 RPR에서 고속으로 검출할 수 있는 경우에는 생략 가능.
(7) 구내 저압 측에 연계하는 인버터를 이용한 발전설비로, 발전설비의 출력 용량이 수전전력용량에 비해 매우 작고 단독 운전 검출 기능(수동적 방식 및 능동적 방식을 각각 1방식 이상을 포함) 등에 따라 고속으로 정지 또는 분리할 수 있는 경우에는 생략 가능.
(8) 능동적 방식을 1방식 이상 포함.
(9) 생략조건은 제 3장에 자세히 설명함.

전용 변전소의 뱅크 단위와 배전선 단위의 단독 운전 예를 나타냈다. 단독 운전이 발생하면 분산형 전원에 의해 충전되고 있는 선로의 전기공사 작업원이나 일반인 등의 감전사고의 염려가 있고 계통전원과 분산형 전원과의 동기 차이에 의해 재폐로 실패와 기기 손상의 가능성이 있으므로 이 상태를 신속하게 검출하여 방지해야 한다.

분산형 전원으로부터 계통 측으로 전력의 유출이 있는 상태를 역조류라 한다. 역조류 없음의 분산형 전원이 단독 운전 상태가 되어, 이 전원에서 선로 부하로 유효전력이 공급되면 역전력 릴레이(RPR)와 주파수가 저하하므로 주파수저하 릴레이(UFR)에 따라 단독 운전 상태를 검출할 수 있다. 하지만 단독 운전 상태이지만 선로 부하에 유효전력이 흐르고 있지 않는 역충전 상태에서는 역전력 릴레이가 동작하지 않으므로 역충전 검출기능(단독 운전 검출 기능으로 대용 가능)에 따라 단독 운전을 검출한다.

역조류가 있는 분산형 전원에 대해서는 UFR, 주파수 상승 릴레이(OFR)와 뒤에 서술하는 수동적 방식과 능동적 방식으로 구성되는 단독 운전 검출 기능을 설치하여 단독 운전을 검출한다.

(2) 고압배전선 연계

고압배전선에 연계되는 발전설비에 있어서 역변환장치를 가진 분산형 전원에 대해 필요한 계통연계 보호릴레이를 표 2-1-4에 나타냈다. 단독 운전을 방지하기 위해 단독 운전 검출 기능 또는 전송차단장치를 설치할 필요가 있다. 게다가 재폐로시의 사고 방지를 위해 배전용 변전소의 인출구에 선로 무전압 확인 장치를 시설해야 되지만 두 방식 이상의 단독 운전 검출 장치(능동적 방식 1방식 이상을 포함)를 적용하고 또, 각각 다른 차단기를 차단함에 따라 선로 무전압 확인 장치를 생략할 수 있다.

(3) 단독 운전 검출 기능

배전계통의 상위계통의 사고시와 연계 배전선의 사고로 배전용 변전소의 차단기가 차단된 후에 사고가 소멸한 경우와 작업에 따른 선로 개폐기를 개방한 경우 등의 선로 정지시에는 계통사고 검출 릴레이에서는 검출할 수 없다. 또, 개방점의 전류가 0에 가까운 경우로 단독 운전 상태가 되면 전압의 변화와 주파수의 변화는 일어나지 않으므로 단독 운전을 검출할 수 없다. 이 때문에 단독 운전 검출 기능에 의해 이 상태를 검출해야 한다. 저압배전선 연계 및 고압배전선 연계된 인버터를 가진 분산형 전원의 단독 운전 검출 기능을 표 2-1-5에 나타낸다.

단독 운전 검출 기능은 단독 운전 이행시의 전압위상과 주파수 등의 급변을 검출하는 수동적 방식과 역변환장치(인버터)의 제어회로에 의해 상시 전압과 주파수 변동(능동적 신호)을 주고, 단독 운전 이행시에 현저해지는 주파수 변화와

표 2-1-5 인버터를 가진 분산형 전원의 단독 운전 검출 기능

단독 운전 검출 기능		내용
수동적 방식	전압 위상 도약 검출	단독 운전으로 이행하면 계통연계시의 운전 역률 1에서 부하 역률로 변화하므로 전압 위상이 도약한다. 이 위상변화를 검출한다.
	3차 고조파 전압 변형 급증 검출	단독 운전 상태가 되면 전류 제어형 인버터 사용시는 주상변압기의 여자전류는 정현파가 되므로 전압이 변형된다. 이 변형파가 포함된 제 3 고조파를 검출한다.
	주파수 변화율 검출	단독 운전 이행시의 인버터 출력과 부하의 불평형에 따라 주파수가 급변하므로 주파수 변화율을 검출한다.
능동적 방식	주파수 시프트	인버터 내부발신기 등에 주파수 바이어스를 주고, 단독 운전 이행시에 나타난 주파수 변화를 검출한다.
	유효전력 변동	발전출력에 주기적인 유효전력변동을 주고, 단독 운전 이행시에 나타난 전압변동, 전류변동 또는 주파수 변화를 검출한다.
	무효전력 변동	발전출력에 주기적인 무효전력변동을 주고, 단독 운전 이행시에 나타난 전류변동 또는 주파수 변화를 검출한다.
	부하 변동	인버터에 병렬로 임피던스를 순간적 또는 주기적으로 삽입하고, 임피던스에 흐르는 전류의 분담비의 변화를 검출한다.

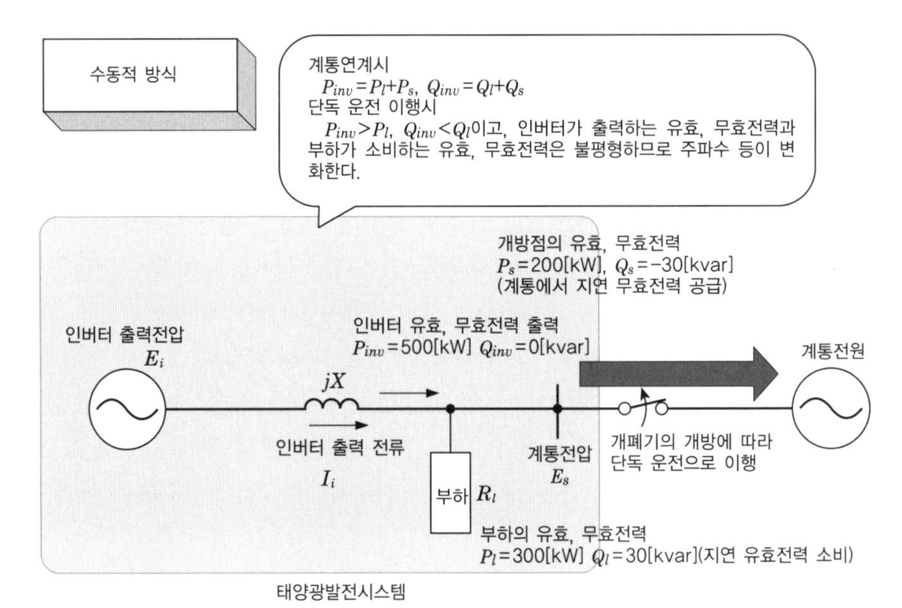

그림 2-1-16 수동적 방식에 의한 단독 운전 검출

전압 변화를 검출하는 능동적 방식으로 구성된다. 능동적 방식을 쓰면 개방점의 전류가 0에 가까운 조건에서 단독 운전 상태가 되어도 단독 운전을 검출할 수 있다.

그림 2-1-16과 같은 태양광발전시스템의 인버터의 유효, 무효전력 출력을 P_{inv}=500[kW], Q_{inv}=0[kvar]로 하고, 부하의 소비전력을 P_l=300[kW], Q_l=30[kvar](지연)로 치면, 개방점에서의 개방 전의 유효, 무효전력 P_s, Q_s는 각각 200kW(역조류 있음), −30kvar이 된다. 이 조건에서 개방기가 개방되어 단독 운전으로 이행한 경우의 분산형 전원 설치점의 유효, 무효전력, 계통전압의 순시치, 주파수, 위상의 시뮬레이션 결과를 **그림 2-1-17**에 나타냈다(4.00초에서 개방).

인버터의 유효전력 출력 P_{inv}는 부하의 유효전력 P_l보다 크므로, 주파수는 40ms 만에 1Hz 정도 상승하고 있다. 이 결과, 주파수 상승 릴레이와 주파수 변

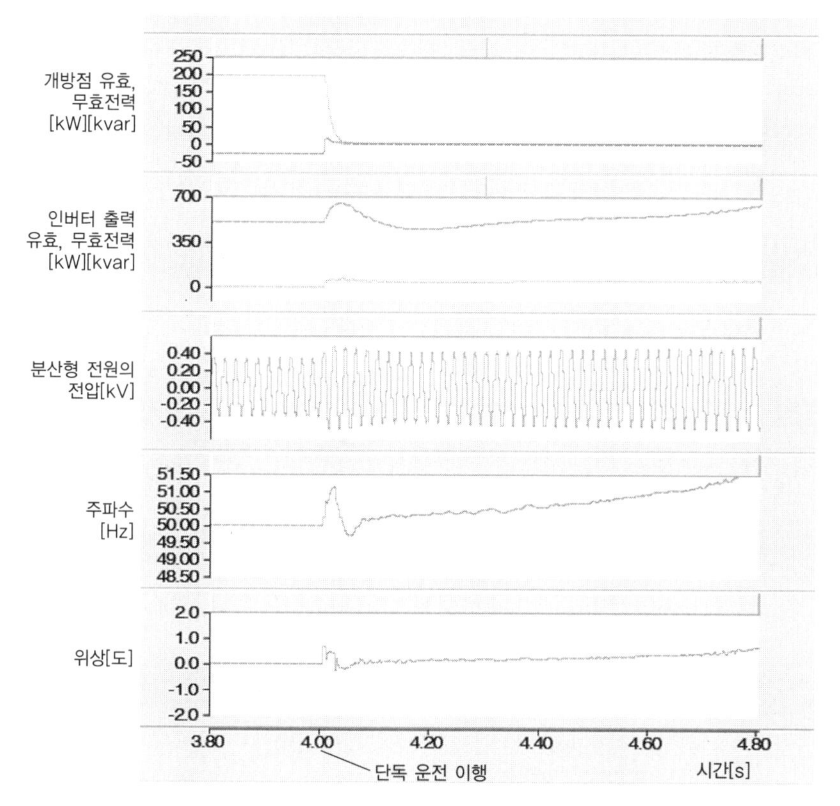

그림 2-1-17 단독 운전 이행시의 전기량 변화(수동적 방식)

화율 릴레이 등에 의해 단독 운전을 검출할 수 있다.

하지만 개방점의 유효, 무효전력이 0인 상태에서 개방되어 단독 운전으로 이행한 경우에는 주파수와 위상은 변화하지 않는다. 이 때문에 능동적 방식에 의해 단독 운전을 검출해야 한다. 태양광발전시스템으로 많이 적용되고 있는 무효전력 변동 방식의 원리에 대해서 서술한다.

그림 2-1-13의 제어 블록과 같이 유효전력 제어목표값 I_{id}와 무효전력 제어목표값 I_{iq}(통상 역률 1제어이므로 0임)가 ACR(전류조절기)의 입력으로써 주어진다. 이 무효전류 제어목표값에 대해 주파수(f_{ac})가 0.1Hz 정도의 정현파 능동신호($-\Delta I_{iq}\sin w_{ac}t$)를 준다. 이 신호는 ACR에서 제어되고, 계통연계시는 **그림 2-1-18**의 벡터도와 같이 이에 따라 인버터 출력전압에는 계통전압 E_s와 동상 성분의 전압변동 $X\Delta I_{iq}\sin w_{ac}t$가 나타난다. 이 결과, 인버터의 무효전력 출력이 주기적으로 변동한다(주파수 f_{ac}).

단독 운전 이행시에는 능동신호에 따라 부하(저항부하를 가정)에 전류가 유입되므로 다음 식과 같이 계통전압의 위상이 변화한다. 이때의 벡터도를 **그림 2-**

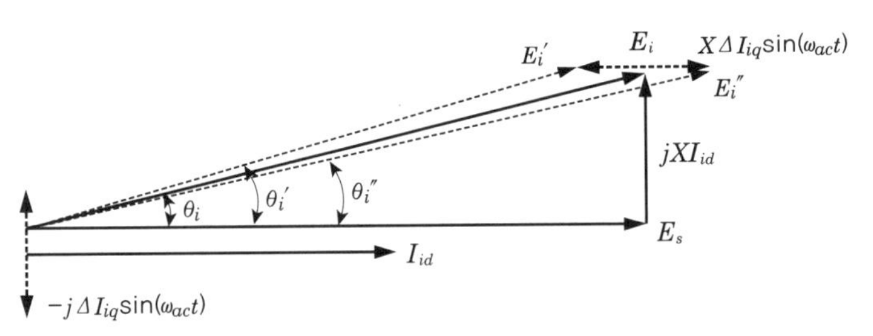

그림 2-1-18 계통연계시의 무효전력 변동 방식 벡터도

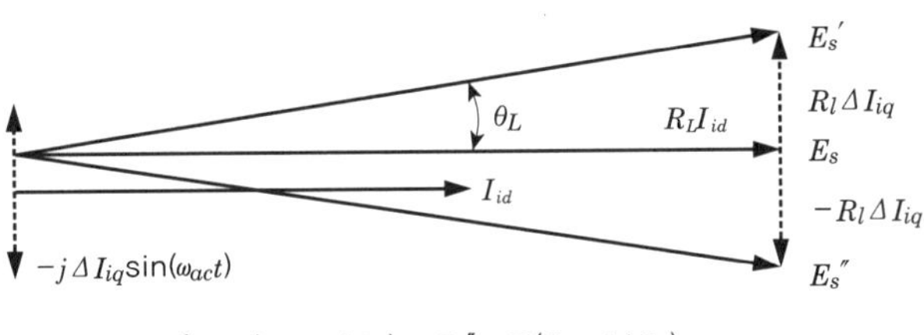

$E_s' = R_l(I_{id} + j\Delta I_{iq})$ $E_s'' = R_l(I_{id} - j\Delta I_{iq})$

$\tan\theta_L = \Delta I_{iq}/I_{id}$

그림 2-1-19 계통연계 이행시의 무효전력 변동 방식 벡터

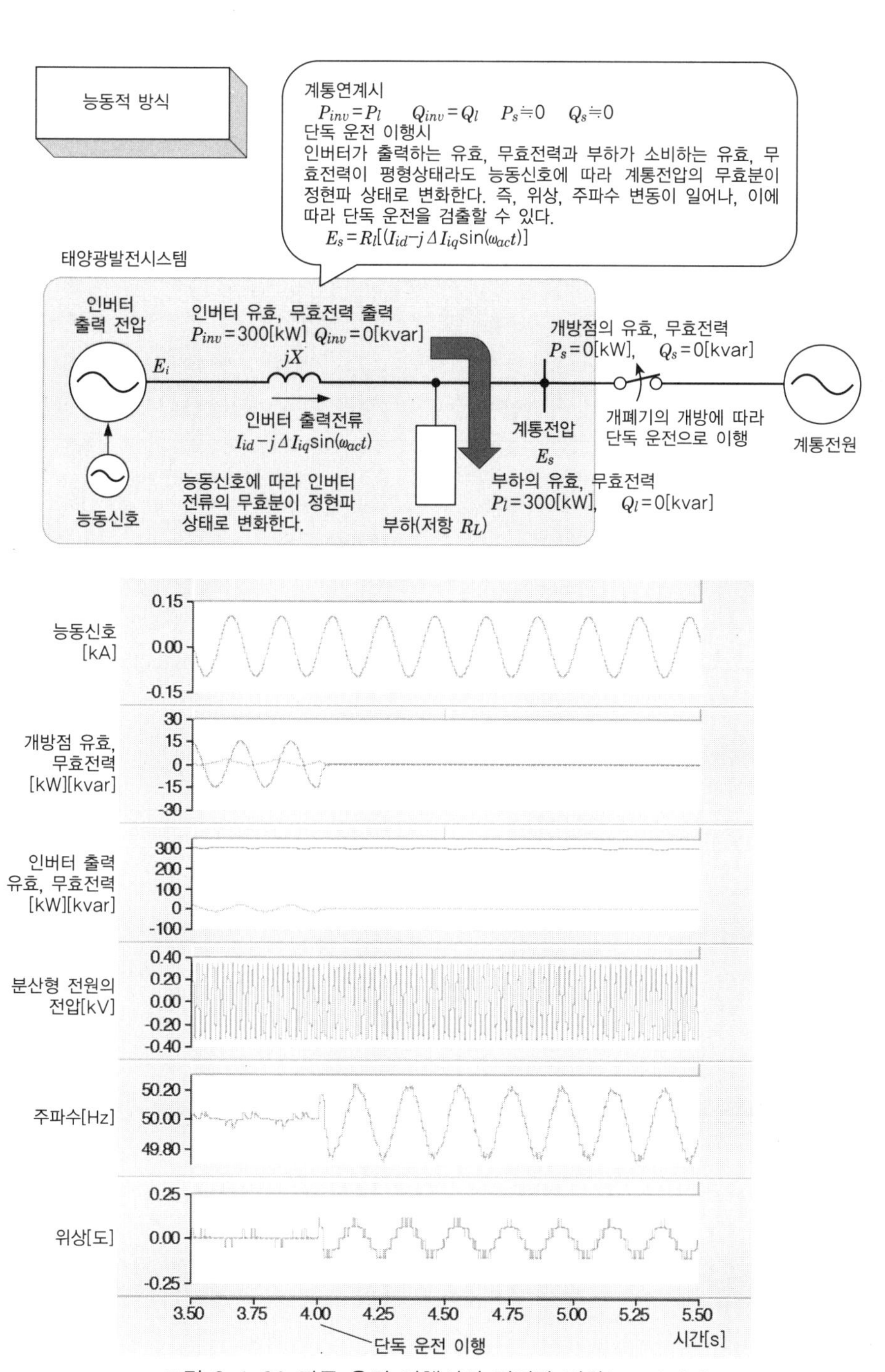

그림 2-1-20 단독 운전 이행시의 전기량 변화(능동적 방식)

1-19에 나타냈다. 능동신호에 따라 계통전압 E_s의 위상, 즉, 위상의 시간미분치인 주파수가 주기적으로 변화하여 단독 운전을 검출할 수 있다.

$$E_s = R_l(I_{id} - j\Delta I_{iq}\sin w_{ac}t) \tag{2-9}$$

인버터의 유효, 무효전력출력 P_{inv}=300[kW], Q_{inv}=0[kvar], 부하의 소비전력을 P_l=300[kW], Q_l=0[kvar](지연)으로 가정하면, 이들의 전력이 동일하므로, 개폐기가 개방되기 전의 이점의 유효, 무효전력 P_s, Q_s는 각각 0이 된다. 이 상태에서 $0.1\sin(2\pi\ 10t)$[kA](주파수 10Hz)의 능동신호가 더해져 있다. 개폐기가 개방되어 단독 운전으로 이행한 경우의 분산형 전원의 유효, 무효전력, 계통전압의 순시치, 주파수, 위상의 시뮬레이션 결과를 그림 2-1-20에 나타냈다(4.00초에서 개방).

능동신호에 따라 계통연계시의 인버터 무효전력출력은 변동하고, 그 주기는 능동신호와 같고, 크기는 약 $15\text{kvar}_{0\text{-}p}$가 된다. 단독 운전 이행시에는 이 신호에 따라 계통전압의 위상, 즉, 주파수는 능동신호와 같은 주기로 변화하고, 주파수 변화의 최대치는 $0.25\text{Hz}_{0\text{-}P}$가 되므로, 단독 운전을 검출할 수 있다.

이 밖에 능동적 방식으로써 주파수 시프트 방식, 유효전력 변동방식, 부하 변동방식 등도 적용되고 있지만 그 원리에 대해서는 제 3장에서도 서술하고 있다.

태양광·풍력발전과 계통연계기술

02 풍력발전시스템

2-1 풍력발전의 원리

풍력발전기는 풍력에너지를 풍차로 회전에너지로 변환하여, 이에 따라 발전기를 회전시켜 전기에너지로 변환한다. 풍차의 종류는 **그림 2-2-1**과 같다. 풍차가 회전력을 얻는 방법으로는 「양력형」과 「항력형」이 있고, 회전축이 수평인 「수평축형」과 수직인 「수직형」으로 나눌 수 있다.

	수평축형	수직축형
양력형	프로펠러형	다리우스형
항력형	다익형	사보니우스형

그림 2-2-1 풍차의 종류
(출처 : 풍력에너지 독본)

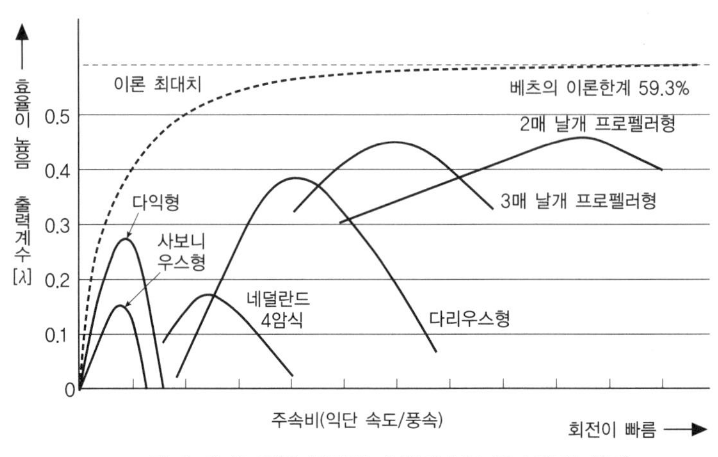

그림 2-2-2 각종 풍차의 출력계수와 주속비의 관계

풍차의 회전 날개(블레이드) 등의 물체가 바람으로부터 받는 힘은 바람의 방향에 대해 수직인 성분(양력)과 수평인 성분(항력)으로 나뉘고, 풍차의 회전력을 양력으로 얻는 것이 양력형이고, 항력으로 얻는 것이 항력형이다.

풍력에너지를 회전에너지로 변환하는 효율, 즉, 출력계수는 다음 식과 같이 풍차의 선단속도와 풍속과의 비인 주속비 λ에 따라 결정된다. 그림 2-2-2에 각종 풍차와 출력계수와 주속비의 관계를 나타냈다.

$$\lambda = \frac{\omega_T R}{V} \qquad (2-9)$$

단, ω_T : 로터 각속도[rad/s]

R : 로터 반지름[m]

V : 풍속[m/s]

뒤에 서술한 것과 같이 출력계수가 최대가 되는 최적 주속비를 유지하도록 풍속에 맞게 로터(발전기) 회전수를 제어하는 가변속제어가 최근에는 많이 채용되고 있다.

프로펠러형은 양력이 크기 때문에 출력계수가 높다. 또, 구조가 대형 풍차에 적합하므로 MW급 풍차는 3개의 블레이드를 가진 프로펠러형이 대부분이다. 이하, 프로펠러형 풍차의 시스템 구성에 대해서 설명한다.

2-2 풍력발전시스템의 기본 구성

프로펠러형 풍력발전시스템의 외형도를 그림 2-2-3에 나타냈다. 이 시스템은 블레이드(날개), 허브, 너셀, 요 구동장치, 타워 등의 기계계 요소와 발전기, 전력변환장치(인버터), 연계변압기, 차단기, 계통연계 보호장치 등의 전기계 요소로 구성된다.

(1) 기계계 요소

① 블레이드(날개)와 피치제어

바람에너지를 블레이드에 의해 회전에너지로 변환한다. 대형풍차의 블레이드 매수는 3매이다. 정격풍속에 도달하면 발전기 출력은 정격출력이 된다. 이 이상의 풍속에 대해서는 풍속, 발전기 출력을 검출하여 블레이드의 피치각을 제어하는 피치제어에 의해 출력제어를 하고, 발전기 출력을 정격으로 유지한다.

발전을 개시하는 컷인풍속에서부터 정격풍속까지는 피치각을 일정하게 제어

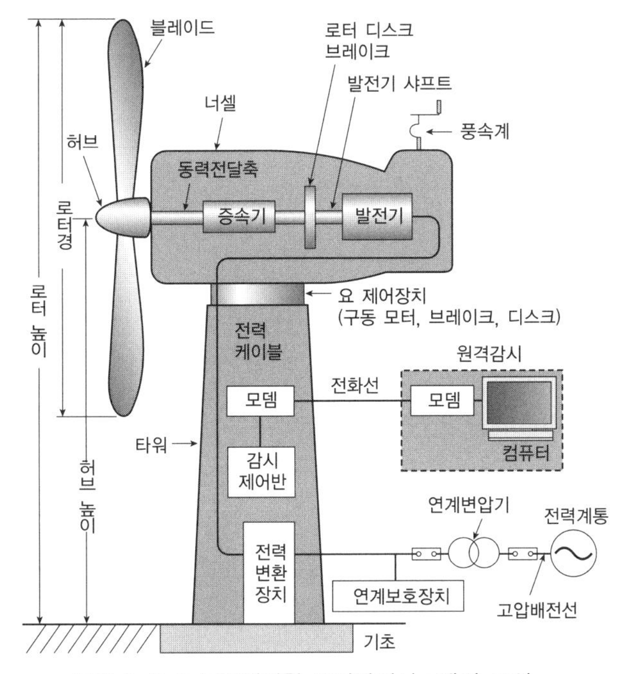

그림 2-2-3 프로펠러형 풍력발전시스템의 구성

한다.

태풍 등에 따른 강풍 시에는 컷아웃풍속 이상이 되면 피치각을 풍향에 평행(페더 상태)하게 하여 로터를 정지시킨다. 피치제어는 유압이나 전동방식이 있다.

스톨제어는 피치각을 고정하고, 정격풍속 이상의 바람에 대해서는 블레이드의 형상때문에 실속 현상이 일어나고, 발전기출력을 정격출력 부근에 유지한다. 이 제어는 피치각 제어기구가 없기 때문에 구조는 간단하다.

반면, 정격출력 부근에서의 풍속변동의 영향을 받기 쉽고, 출력변동이 커지는 특징이 있다.

블레이드가 회전했을 때의 지름을 로터경이라고 한다. 블레이드에는 내구성, 경량화가 요구되고 또, 전파 장해와 염해대책을 고려하여 그 재질로는 유리 섬유 강화 플라스틱(GFRP) 등이 사용된다.

② 허브, 블레이드

허브, 블레이드의 루트부를 로터축(회전축)에 연결하는 부분이 허브이고, 회전체의 중심점이 된다. 지상에서 이 점까지의 높이를 허브 높이라 한다. 또, 지상에서 블레이드 선단까지의 최대치를 로터 높이라고 한다.

번개로부터 풍차를 보호하기 위해 블레이드 선단표면에는 지름 수 cm의 원통형 스테인리스로 만든 리셉터(뇌전류 유도부)가 설치되어 있고, 여기로 유도된 뇌전류는 블레이드 내부로 매입된 도체를 통해 허브, 너셀, 타워를 경유하여 대지로 방전된다.

이 전류 경로에 있어서 회전부분의 허브, 너셀 간과 너셀, 타워 간에는 슬립링(slipring)이 설치되어 있고, 타워의 접지 저항치는 전위상승을 억제하기 위해 가능한 한 낮은 수치로 한다.

③ 너셀

동력전달축, 증속기, 로터 디스크 브레이크, 발전기 등을 수납하는 부분을 너셀이라고 한다. 로터의 회전을 발전기로 전달하는 동력전달축에 따라 풍력에너지에서 변환된 회전에너지는 발전기로 전달되고 또, 전기에너지로 변환된다. 로터와 발전기 간에는 증속기가 설치되어 발전기에 필요한 회전수로 올릴 수 있다(기어비의 예 : 약 100). 또, 로터 디스크 브레이크에 의해 태풍과 강풍시에, 또, 점검시 등에 로터를 정지시킨다.

④ 요 제어장치

바람에너지를 효율적으로 받기 위해서는 로터를 바람 방향으로 추종시킬 필요가 있으므로 요 구동장치를 써서 너셀 후부에 설치된 풍향 풍속계의 검출치로 로터를 바람 쪽으로 향하게 한다. 그 동력으로써 유압 또는 전동이 사용되고 있다. 프로펠러형 풍차에는 로터의 회전면이 풍상측으로 향한 업윈드 방식과 풍하측으로 향한 다운윈드 방식이 있다. 다운윈드 방식에서는 너셀과 블레이드가 바람의 압력을 받아 자연스럽게 풍하로 향하므로 요 제어장치는 불필요하다.

⑤ 타워

로터, 너셀을 지지하는 부분이 타워이고, 내부에는 전력 케이블과 감시제어반이 수납되어 있다. 강철제이고 원주 모양의 모노폴식을 많이 채용하고 있다.

⑥ 기초

비교적 지반이 강한 곳은 슬래브라 불리는 콘크리트 덩어리를 기초로 풍차를 지지한다. 비교적 약한 곳에서는 파일이라 불리는 긴 말뚝을 여러 개 지중에 매립하고 그 위에 기초를 건설한다.

(2) 전기계 요소

① 발전기

초기에는 농형 유도발전기가 사용되고 있었지만 최근에는 전력변환장치를 부가하여 가변속, 역률 제어를 하기 때문에 동기발전기나 권선형 유도발전기를 사용하고 있다. 동기발전기를 적용한 풍력발전시스템에서는 영구자석을 이용하여 여자회로를 간략한 것과 다극화하여 동기속도를 낮추고 증속기를 생략한 것(기어레스)이 있다.

② 전력변환장치

동기발전기를 이용한 시스템에서는 발전전력의 주파수가 블레이드의 회전수에 따라 변화하므로 동기발전기의 출력전력은 컨버터(교류→직류변환)에 의해 일단 직류로 변환하고, 인버터(직류→교류변환)에 의해 상용주파수의 전력으로 변환하여 계통연계한다. 또, 이들 인버터와 컨버터에 의해 가변속 제어와 역률 제어를 할 수 있다.

권선형 유도발전기를 이용한 시스템에서는 1차(고정자) 측은 직접계통전원으로 접속되어, 1차 측과 2차(회전자) 측간에 컨버터(계통 측)와 인버터(회전자 측)가 직렬로 설치되어, 회전자에 가해지는 여자전압을 제어함으로써 가변속 제어와 역률 제어를 할 수 있다.

③ 계통연계 보호장치

발전기의 계통연계시 전력품질에 악영향을 미치는 것을 방지하기 위해 계통연계 보호장치를 설치한다.

④ 감시제어반

감시제어반으로 운전상태를 감시하고 발전량과 전압, 전류 등의 전기량을 계측한다. 또, 전화선과 모뎀을 사용하여 원격감시 및 제어도 가능하다.

2-3 풍력에너지와 가변속 제어 및 파워 커브

(1) 풍력에너지

공기의 질량이 m[kg], 풍속이 V[m/s]의 바람이 가진 운동에너지 W[J]는 다음 식으로 나타낸다.

$$W=\frac{1}{2}mV^2[\text{J}] \tag{2-10}$$

풍차의 수풍면적(블레이드의 회전면적)을 A[m²], 공기밀도를 ρ[kg/m²]로 하면 질량 $m=A\rho V$가 된다. 실제로 풍차로 얻을 수 있는 매 초의 에너지는 (2-10)식에 출력계수 C_p를 곱한 다음 식의 P_e[W]가 되어 손실을 무시한 경우, 이 모든 것이 전기에너지(발전기 출력)로 변환된다. 이 수치는 풍속의 3승에 비례한다.

$$P_e=\frac{1}{2}C_pA\rho V^3 \tag{2-11}$$

(2) 가변속 제어

정격출력이 1500kW의 풍차 모델(블레이드의 반지름 35m)에 대해 블레이드 피치각 β를 파라미터로 한 경우, 출력계수 C_p와 주속비 λ의 관계를 그림 2-2-4에 나타냈다. 피치각 $\beta(=5°)$에 대해 주속비 λ가 3.92일 때에 출력계수는 최대 0.42가 된다. (2-11)식에서 풍속 V를 파라미터로 한 경우의 풍력터빈 출력 P_T를 그림 2-2-5에 나타냈다(기어비 110).

풍속 V에 대해 발전기 회전수(블레이드 회전수)를 주속비 λ가 3.92가 되도록 풍력발전 발전기 회전수를 가변속 제어하면 출력계수는 최대 0.42가 되고, 이 그림과 같이 각 풍속에 대해 최대 풍력터빈 출력 P_{Topt}(발전기 출력)를 얻을 수

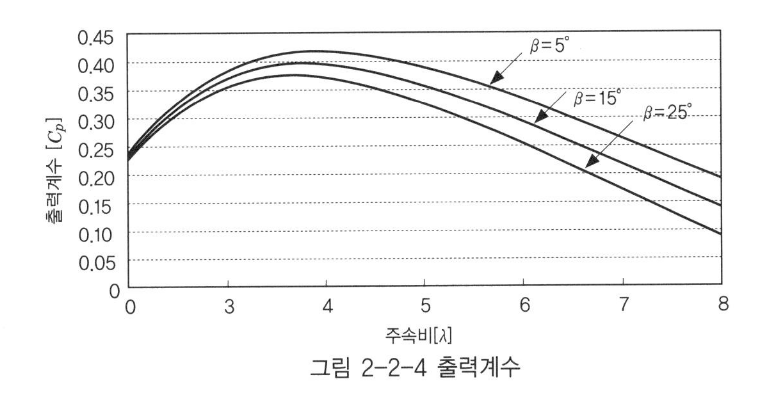

그림 2-2-4 출력계수

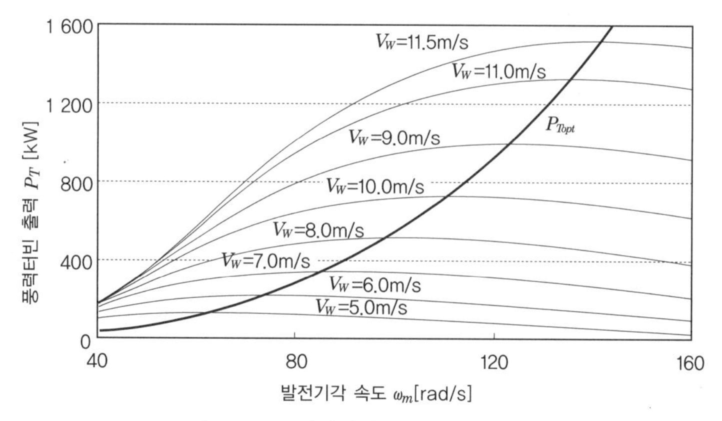

그림 2-2-5 발전기각 속도 - 풍력터빈 출력

있다. 이 곡선을 최대 출력곡선이라 한다. 가변속 제어하기 위해서는 뒤에 서술한 것과 같이 IGBT로 구성된 인버터가 필요하나.

(3) 파워커브

풍력발전시스템의 풍속에 대한 발전전력은 파워커브(출력성능)로 나타내고, 그 예를 그림 2-2-6에 나타냈다. 각 풍속은 다음의 의미를 가진다.

- 컷인풍속 : 발전을 개시한 풍속, 3~4m/s
- 정격풍속 : 발전기의 정격출력에 달하는 풍속, 12~16m/s
- 컷아웃풍속 : 기계적, 전기적 보호를 위해 발전을 정지하는 풍속, 20~25m/s 이상

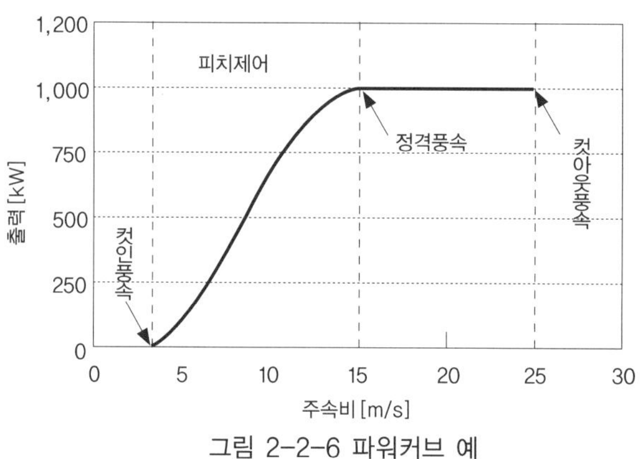

그림 2-2-6 파워커브 예

2-4 풍력발전시스템의 종류와 특징

그림 2-2-7에 풍력발전기의 대표적인 종류를 나타냈다. 발전기에는 유도발전기(권선형 또는 농형) 또는 동기발전기를 사용하고 있다. 연계방식은 발전기

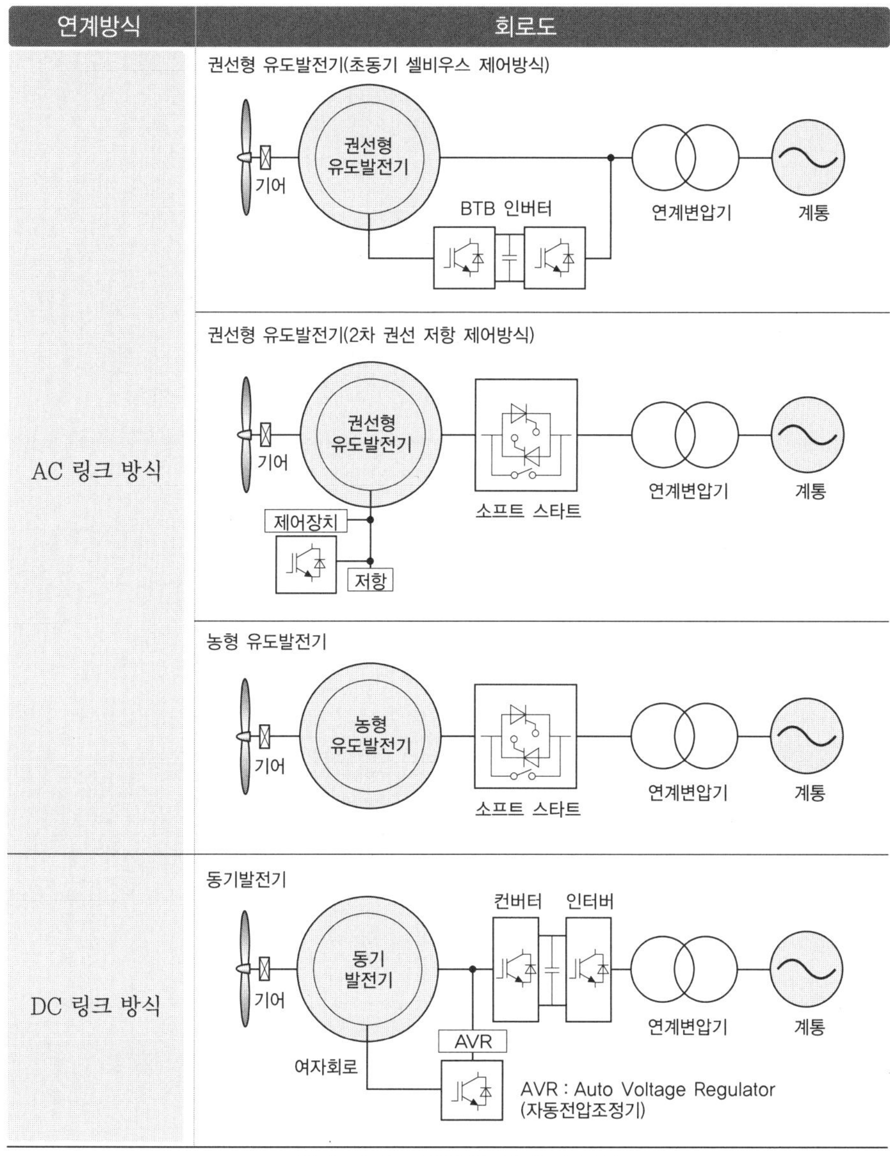

그림 2-2-7 풍력발전시스템의 구성

에서 발생하는 교류전력을 그대로 전력계통으로 연계하는 **AC링크 방식**과 발전기에서 출력된 교류전력을 컨버터에서 직류전력으로 변환하고, 그 전력을 인버터에서 교류전력으로 역변환하여 전력계통에 연계하는 **DC링크 방식**이 있다. 유도발전기는 AC링크되고, 동기발전기는 DC링크된다.

권선형 유도발전기를 사용한 풍력발전시스템에서는 고효율로 풍력에너지를 취득하기 위해 가변속 제어가 이루어진다. 그것을 실현하는 방식으로 전력용 반도체 소자인 IGBT로 구성된 BTB 인버터(Back to Back 역변환기, 전력의 흐름이 쌍방향)에 따라 회전자에 슬립 주파수의 여자전압(크기와 위상을 제어)을 인가하는 **초동기 셀비우스**(DFIG, Doubly-Fed Induction Generator) **방식**과 회전자에 전력용 스위치와 저항을 이용하여 가변속 제어를 하는 **2차 권선 저항 제어방식**이 있다.

농형 유도발전기를 이용한 풍력발전시스템은 고정속도로 운전하는 특성을 가지고, 컷인풍속과 정격풍속에서 로터회전수가 거의 같다. 이 때문에 풍력에너지의 취득효율은 비교적 낮다.

초동기 셀비우스(DFIG) 방식은 광범위로 가변속 제어할 수 있고, 또 인버터에 따라 역률 제어도 가능하다.

2차 권선 저항 제어방식과 농형 유도발전기를 사용한 풍력발전시스템에서는 무효전력은 슬립과 발전기 단자전압으로 결정되므로 역률은 제어할 수 없다.

유도발전기는 여자회로를 포함하고 있으므로 계통투입시에 여자전류 때문에 큰 돌입전류가 생기고, 이것이 순시전압 저하를 불러일으키는 경우가 있다. 이 제어방식에 비해 초동기 셀비우스(DFIG) 방식에서는 회전자에 더해지는 여자전압을 제어하여, 고정자측으로 유도되는 전압을 계통 측 전압으로 동기제어시켜 계통투입을 한다. 이 경우에 돌입전류는 거의 발생하지 않는다.

2차 저항 제어방식과 농형 유도발전기에서는 계통투입은 역병렬 사이리스터를 사이에 두고 실시하는 소프트 스타트 방식을 적용하고 있다. 이 방식에서는 사이리스터의 위상제어에 따라 돌입전류가 억제되지만, 정격전류 정도와 이를 넘는 돌입전류가 흐르는 경우가 있다.

MW급 이하의 초기의 풍력발전시스템에서는 농형 유도발전기를 많이 채용하고 있었지만 최근의 MW급 풍력발전시스템에서는 가변속 제어와 역률 제어 가능한 초동기 셀비우스(DFIG) 방식을 많이 적용하고 있다.

동기발전기를 이용한 풍력발전시스템의 발전전압은 계통전압과 동기하고 있지 않으므로 직접 계통연계하는 것은 불가능하다. 이 때문에 그 발전전력을 우선 컨버터로 직류전력으로 변환하고, 또 인버터에 의해 상용주파수의 교류전력으로 역변환하여 계통연계한다. 이 시스템에서는 컨버터와 인버터에 따라 가변속 제어와 역률 제어가 가능하다. 또, 동기를 확인하여 계통투입 할 수 있으므로 돌입전류는 거의 발생하지 않는다. 계자(界磁)에 다극기(72극 정도)를 채용하여 기어레스화 하고 또, 계자극에 영구자석을 채용하여 손실을 작게 한 시스템이 최근에는 많이 적용되고 있다.

정격풍속을 넘는 풍속에 대해 블레이드의 피치각을 제어하고 발전기 출력을 정격출력으로 제어하는 피치제어와 블레이드의 단면 형상구조에 의해 바람을 놓치는 스톨제어(실속제어, 피치각 고정)가 있다. 가변속 제어되는 풍력발전시스템에는 피치제어가 채용되고, 고정속 특성의 풍력발전시스템에는 주로 스톨제어가 채용되고 있다.

표 2-2-1에 풍력발전시스템에 대한 계통연계 특성을 나타냈다.

표 2-2-1 계통연계 면에서 본 풍력발전시스템의 특성

발전기의 종류	돌입 전류	역률 제어	출력 변동	컷아웃시의 계통 분리 조건
권선형 유도발전기 (초동기 셀비우스 방식)	동기 투입 방식이고 거의 0	가능	가변속이고 비교적 小	피치제어에 따라 0 출력으로 분리
권선형 유도발전기 (2차권선 저항 제어방식)	소프트 스타트 방식	불가능	부분가변속이고 비교적 大	피치제어에 따라 0 출력으로 분리
농형 유도발전기	소프트 스타트 방식	불가능	고정속이고 변동 大	정격출력으로 분리
동기발전기	동기 투입 방식이고 거의 0	가능	가변속이고 비교적 小	피치제어에 따라 0 출력으로 분리

2-5 연계조건과 계통연계 보호릴레이

앞서 서술한 농형 유도발전기와 초동기 셀비우스(DFIG) 방식 또는 2차 권선 저항 제어방식인 권선형 유도발전기로 구성되는 풍력발전시스템의 발전설비는 유도발전기로 간주되고, 또, 전력변환장치를 가지는 동기발전기로 구성되는 풍력발전시스템의 발전설비는 역변환장치로 간주된다.

발전설비가 역변환장치인 경우에는 저압배전선으로 역조류가 있는 경우에 연계가 가능하고, 연계조건과 설치해야 하는 계통연계 보호릴레이는 표 2-2-1에서 서술한 대로이다. 발전설비가 유도발전기인 경우에는 역조류가 없는 경우에만 연계가 가능하다.

고압배전선과 특별 고압송전선으로 연계하는 경우의 연계조건과 계통연계보호릴레이를 표 2-2-2에 나타냈다. 역조류가 있는 경우의 연계조건에서 필요시하는 단독 운전 검출기능의 능동적 방식으로는 풍력발전시스템에 병설된 부하변동방식과 차수간 고조파 주입방식이 적용되고 있다.

표 2-2-2 연계조건과 계통연계 보호릴레이

연계계통		고압				특별고압(중성점 직접 접지방식 이외)			
설비용량		원칙으로써 2000kW 미만				개별 협의			
발전설비		유도발전기		역변환장치		유도발전기		역변환장치	
역조류 유무		유	무	유	무	유	무	유	무
계통연계 보호 릴레이	구내 측 사고검출 OCR/OCGR	○	○	○	○	○	○	○	○
	발전설비 고장 검출 OVR/UVR(주1)	○	○	○	○	○	○	○	○
	계통 측 단락사고 검출 DSR	○	–	–	–	–	–	–	–
	계통 측 지락사고 검출 OVGR	○	○	○	○	○	○	○	○
	단독 운전 방지 OFR	○	–	○	–	UFR+OFR 또는 전송차단 장치	○	UFR+OFR 또는 전송차단 장치	○
	단독 운전 방지 UFR	○	○	○	○		○		○
	단독 운전 방지 RPR	–	○	–	○	–	–	–	–
	전송차단장치 또는 단독 운전 검출 기능	○	–	○	–	–	–	–	–
재개로 시 사고 방지 선로무전압 확인 장치		○(주2)	○(주2)	○(주2)	○(주2)	○	○(주3)	○	○(주3)

(주) (1) 계통 측 단락사고 검출 UVR과 겸용 가능.
(2) 생략조건을 만족시키면 생략 가능.
(3) 계통연계 보호 장치 등의 이중화에 따라 생략 가능.

2-6 풍력발전시스템의 발전원리

(1) 농형 유도발전기

농형 유도발전기는 그림 2-2-8과 같은 농형 회전자와 회전자계를 조성하는 고정자로부터 구성된다. 고정자에서 만들어진 회전자계를 시계방향으로 회전하는 자극(N, S)으로 모의하고, 자극 내에 자유롭게 회전하는 농형 회전자를 설치한다. 상대적으로 자극은 정지(靜止)상태에서 농형 회전자는 반시계방향으로 회전하고 있다고 생각하면, 회전자 도체에는 플레밍의 오른손 법칙에 따라 ⊙, ⊗로 나타낸 방향으로 기전력이 유도된다. ⊙, ⊗의 크기는 기전력의 크기를 나타내고, 농형 회전자의 도체는 양단에서 단락환(短絡環)에 따라 단락(end ring)되고 있기 때문에 기전력보다 약간 위상이 지연된 단락전류가 흐른다. 이 전류와 자속에 따라 플레밍 왼손 법칙에 따라 농형회전자에는 시계방향의 힘이 생기므로 자극과 같은 시계방향으로 회전한다.

회전자계는 뒤에 서술한 것과 같이 고정자에 전기각으로 120°마다 배치된 각 상의 권선에 3상 전원으로부터 여자전류를 공급함에 따라 만들어진다. 회전자에 흐르는 단락전류에 따라 암페어턴 법칙에 따라 고정자에는 이와 동상(同相)의 전류가 흐르고, 고정자전류는 고정자의 전압보다 약간 지연 위상이 된다. 고정자에는 이 전류에 여자전류가 더해진 전류가 흐른다.

자극의 회전수를 N_s, 회전자의 회전수를 N으로 치면, 슬립주파수 s는 다음 식으로 정의된다. 유도전동기의 회전자의 회전수는 자극의 회전수보다 작기 때문

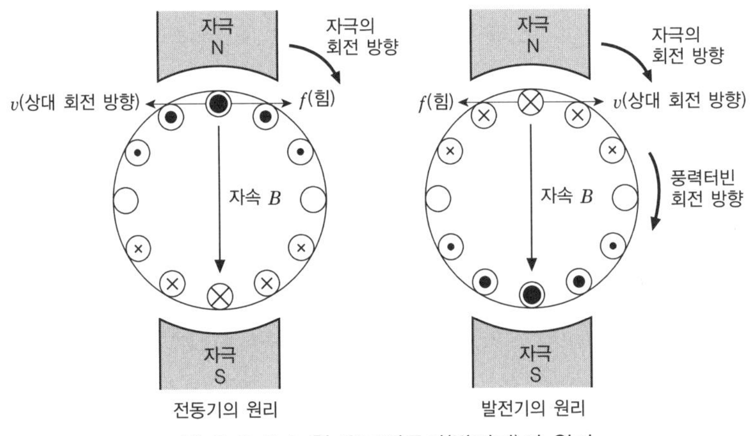

그림 2-2-8 농형 유도전동기(발전기)의 원리

에, 슬립주파수 s는 양의 값을 가진다.

$$s=\frac{N_s-N}{N_s} \tag{2-12}$$

풍력발전시스템에서는 풍력터빈은 기어를 사이에 두고 회전자로 접속된다. 그림 2-2-8과 같이 시계방향으로 회전하고 있는 자극의 회전수보다 큰 회전수로 회전자를 시계방향으로 회전시킨다.

상대적으로 자극은 정지상태이고, 농형 회전자는 시계방향으로 회전하고 있다고 생각하면 회전자의 도체에는 플레밍의 오른손 법칙 ⊙, ⊗로 나타낸 방향으로 기전력이 유도되고, 이보다 약간 지연되어 단락전류가 흐른다. 이 전류방향은 전동기의 단락전류와는 반대 방향이고, 암페어턴 법칙에 의해 고정자에는 이

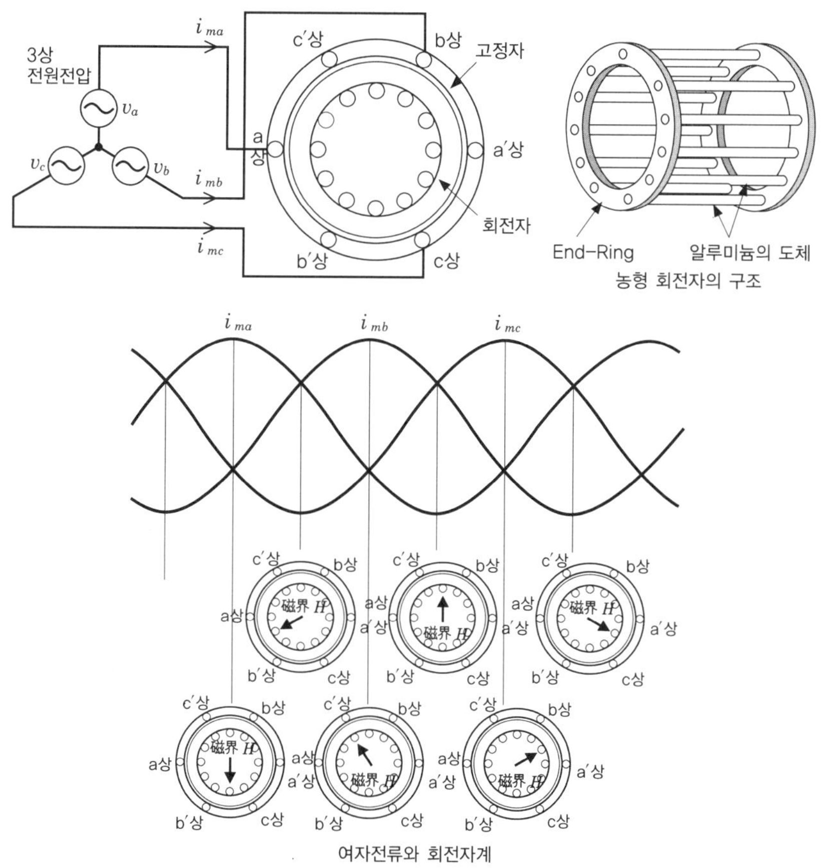

그림 2-2-9 고정자 권선에 의한 회전자계의 조성

와 동상인 전류가 흐르기 때문에 고정자 전류는 고정자의 전압에 대해 대부분 반대방향이 된다. 즉, 이 경우에는 발전기로써 작용한다. 회전자에는 반시계 방향의 힘이 발생하기 때문에 풍력터빈에 의해 지속적으로 이 힘을 이기는 반대방향의 힘을 가해주면 풍력에너지를 전기에너지로 변환할 수 있다. 유도발전기의 회전자의 회전수는 자극의 회전수보다 크기 때문에 슬립은 마이너스가 된다.

회전자계 H는 **그림 2-2-9**와 같이 고정자 전기각으로 120° 마다 a-a′권선(a상), b-b′ 권선(b상), c-c′ 권선(c상)을 대칭배열하고, 이 권선에 3상전원에서 여자전류 I_{ma}, I_{mb}, I_{mc}를 공급함에 따라 조성된다. **그림 2-2-9**에는 각 상 전류의 크기가 최대치가 되는 순간에서 60° 마다 합성자계 H(각 상 권선에서 만들어진 자계의 합성치)의 크기와 방향을 나타낸다. 어떤 순간이라도 자계의 크기는 일정하고, 여자전류의 1주기마다 합성자계는 1회전한다.

통상, 자기회로가 비선형 특성을 가지므로 여자전류는 약간의 왜곡을 포함하고 있으나, 그 기본파 위상은 전압 위상의 거의 90° 지연이다. **그림 2-2-9**는 고정자 권선의 극수가 2극의 경우이지만 극수를 p, 전원주파수를 f_s라고 하면, 회전자계의 회전수 N_s는

$$N_s = \frac{f_s}{p/2} \qquad (2\text{-}13)$$

이 된다.

(2) 초동기 셀비우스(DFIG) 방식 권선형 유도발전기

그림 2-2-10과 같이 회전자에 고정자 권선과 유사한 권선을 설치하고, 회전축에 설치한 슬립링(slip ring)에 의해 회전자 권선을 꺼낸 것을 권선형 유도기라고 한다. 초동기 셀비우스(DFIG) 방식에서는 직류회로를 중심으로 2대의 인버터를 BTB(Back to Back)으로 설치하여, 회전자 측 인버터로 회전자 권선에 더해지는 슬립 주파수(sf_s)의 여자전압을 제어함에 따라, 고정자의 유효전력과 무효전력을 제어할 수 있으므로 가변속 제어와 역률 제어가 가능하다. 슬립은 -0.3~+0.3 범위에서 제어되고, 2차 측 전력은 1차 측 전력에 슬립을 곱한 수치와 동일하기 때문에 인버터의 정격용량은 발전기 정격용량의 30%로 충분한 장점이 있다. 고정자(1차) 유효전력 P_1(입력방향이 (+))과 회전자(2차) 유효전력 P_2(출력방향이 (+)) 간에는 다음 식이 성립한다.

$$P_2 = s \cdot P_1 \qquad (2\text{-}14)$$

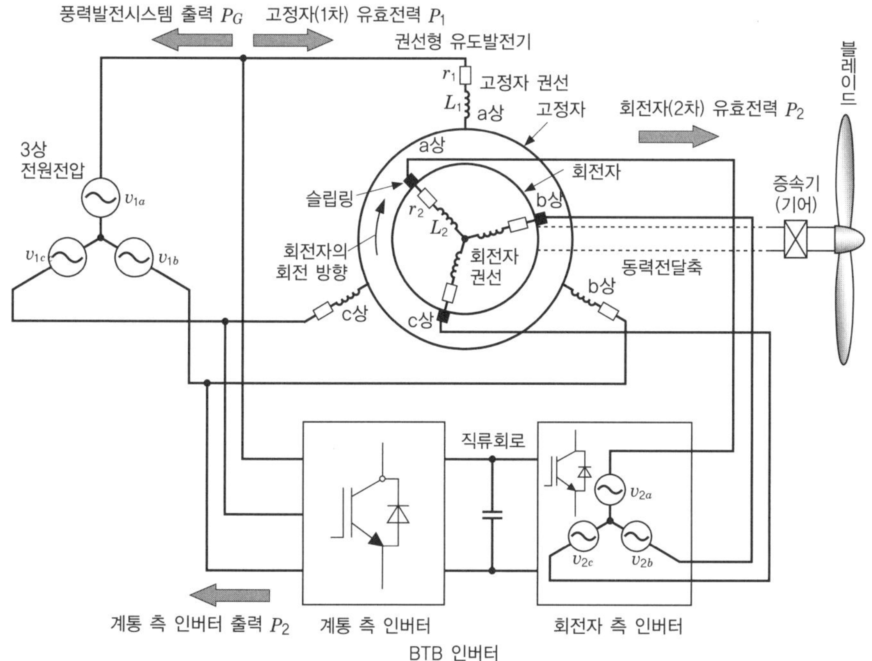

그림 2-2-10 초동기 셀비우스 방식 권선형 유도발전기의 구성

따라서 풍력발전시스템의 출력 P_G는 다음 식으로 나타낸다.

$$P_G = -P_1 + P_2 = (-1+s)P_1 \qquad (2-15)$$

풍속 V에 대해서 출력계수 λ가 최대가 되는 최적의 로터각 속도 ω_{Topt}즉, 발전기 각속도 ω_{mopt}를 (2-9)식으로 구할 수 있으므로, **그림 2-2-5**와 같은 최대 출력곡선으로 최적의 풍력터빈 출력 P_{Topt}(≒최적의 발전기 출력 P_{Gopt})를 얻을 수 있다. 슬립 s는 발전기의 동기 각속도를 ω_{ms}로 치면, $(\omega_{ms}-\omega_{mopt})/\omega_{ms}$에 근사하므로 (2-15)식으로 1차 측 유효전력의 제어목표값 $P_1{}^*$을 다음 식으로 구하고, 회전자 측 인버터에 의해 회전자 권선에 인가되는 여자전압(정확하게는 회전자의 유효전류)을 이 제어목표값이 되도록 제어함에 따라 최적의 발전기 각속도로 제어할 수 있다.

$$P_1{}^* = -\frac{\omega_{ms}}{\omega_{mopt}} \cdot P_{Gopt} \qquad (2-16)$$

가변속 제어되는 슬립의 범위는 −30%~+30%이고, 농형 유도발전기와 달리 슬립이 정(正)의 영역에서도 발전기로써 동작할 수 있다. (2-14)식의 관계로부

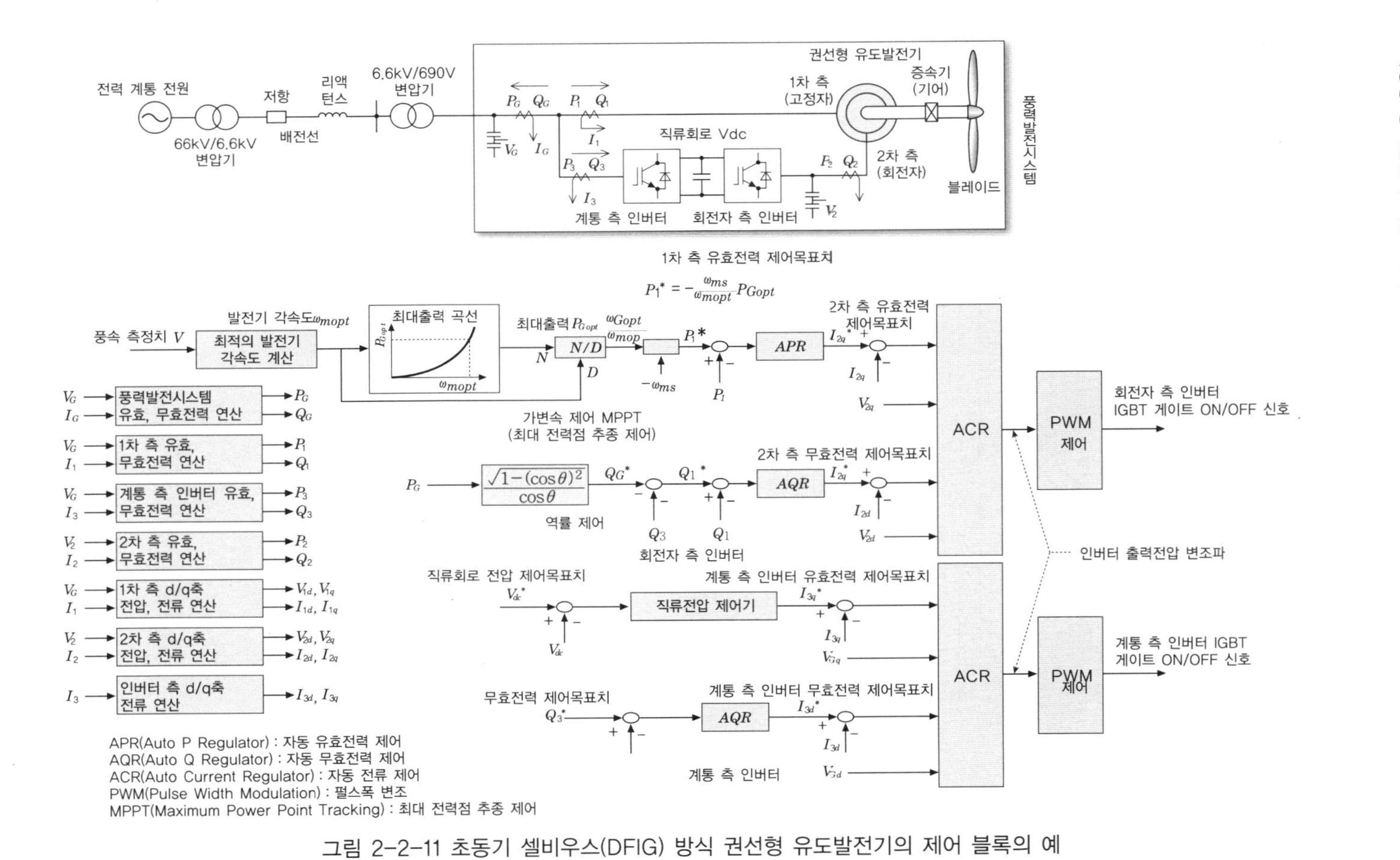

그림 2-2-11 초동기 셀비우스(DFIG) 방식 권선형 유도발전기의 제어 블록의 예

터 BTB 인버터의 정격용량은 발전기 정격출력의 30% 정도가 되는 특징이 있다. 또, 회전자 측의 인버터에 따라 회전자에 인가되는 여자전압(정확하게는 회전자의 무효전류)을 제어함에 따라 역률 제어가 가능하고, 이 제어와 가변속 제어는 독립적으로 실시할 수 있다.

초동기 셀비우스(DFIG) 방식 권선형 유도발전기의 제어 블록의 예를 **그림 2-2-11**에 나타냈다. 회전자 측 인버터는 슬립 주파수의 여자전압을 회전자에 인가하여 가변속 제어(MPPT : 최대 전력점 추종제어)와 역률 제어를 실시한다. 풍속의 측정값으로 부터 풍차 특성에 맞는 최적의 발전기 회전수를 구하고, 이와 미리 기억해 둔 최대 출력곡선(**그림 2-2-5**)에서 최적의 발전기 회전수에 대한 최대 출력을 구한다. 다음으로 (2-16)식으로 1차 측 유효전력 제어목표값을 구할 수 있다. 1차 측 유효전력은 2차 측 유효전류(2차 q축 전류)에 따라 결정되기 때문에, 이 제어목표값과 1차 측 유효전력의 측정값을 비교하여 제어 오차를 0으로 하는 APR(자동 유효전력) 제어에 따라 2차 측 유효전류의 제어목표값을 구할 수 있다.

풍력발전시스템의 역률($\cos\theta$) 일정 제어를 하기 위해, 유효전력의 측정값에서 풍력발전시스템의 무효전력의 제어목표값을 계산한다. 그 목표값에 따라 계통 측 인버터의 무효전력을 보정하고, 1차 측 무효전력의 제어목표값을 구할 수 있다. 1차 측 무효전력은 2차 측 무효전류(2차 d축 전류)에 따라 결정되므로, 1차 측 무효전력의 제어목표값과 1차 측 무효전력의 측정값을 비교 제어하는 AQR(자동 무효전력) 제어에 의해 2차 측 무효전류의 제어목표값을 구할 수 있다. 또, 2차 측 유효전류 기준값과 피드백 값의 차이와 2차 측 무효전류 기준값과 피드백 값의 차이 및 2차 측 d/q축 전압을 ACR(자동전류) 제어회로에 입력하여, 인버터 출력전압(변조파)을 구할 수 있다. 여기에서는 제어목표값과 측정값과의 차(제어오차)가 0이 되도록 인버터 출력전압(2차 측 여자전압)이 제어된다.

계통 측 인버터에서는 직류전압 제어기가 있어서 직류 전압의 제어목표값과 그 측정값을 비교하여 그 제어오차를 0으로 한다. 그 제어기에서 계통 측 인버터의 유효전류 제어목표값이 출력된다. 또, 무효전력의 제어목표값을 주어 AQR 제어에 따라 계통 측 인버터의 무효전력 제어목표값을 출력한다. 또, 계통 측 언버터의 유효전류 제어목표값과 그 측정값의 차와 계통 측 인버터의 무효전류 제어목표값과 그 측정값과의 차 및 1차 측 d/q축 전압을 ACR(자동 전류) 제어회로에 입력하여 인버터 출력전압(변조파)을 구할 수 있다. 여기에서는 제어목표값과 측정값과의 차(제어 오차)가 0이 되도록 인버터의 출력전압(계통연계 인버터 출력전압)이 제어된다.

(3) 동기발전기

동기기는 계자권선에 직류전류를 흘려 자속을 만드는 계자부와 교류전압을 발생시키는 전기자부로 구성되고, 계자부가 고정자, 전기자부가 회전자인 「회전전기자형」과 그 반대인 「회전계자형」이 있다. 보통 회전계자형이 많이 사용되고 있고, 풍력발전에서 사용되는 동기기는 이 형태이다.

3상 동기발전기의 원리를 **그림 2-2-12**에 나타냈다. 계자극에는 계자권선이 감겨 있고, 이에 직류전류를 흘려 자속을 발생시킨다. 고정자에는 전기자권선이 감겨 있고, 계자극이 회전하는 방향에 전기각으로 120° 뒤에 a, b, c상 권선이 배치된다. 이 그림의 전자극의 극수는 2(극대수 1)이므로, 회전자가 1회전하면

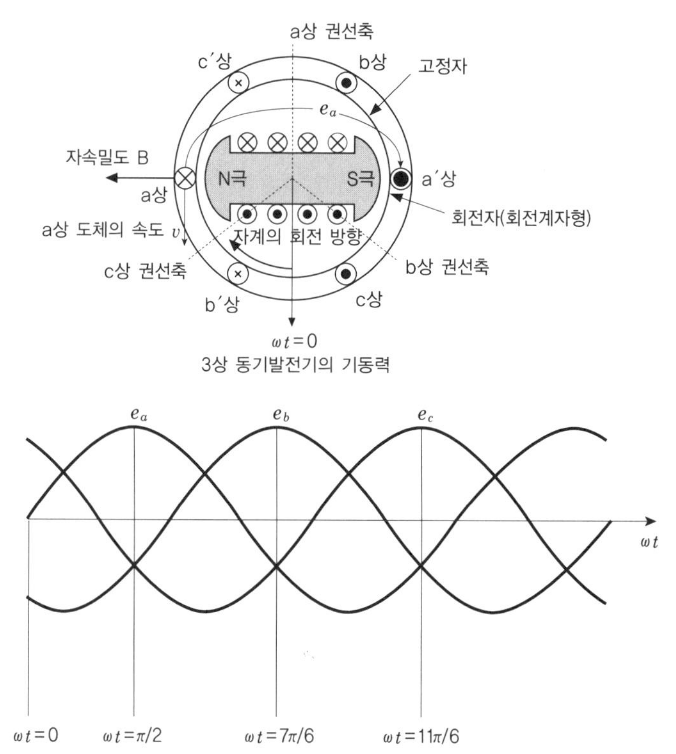

그림 2-2-12 3상 동기발전기의 원리

전기각은 360°가 된다.

계자극은 각속도 ω로 시계 방향으로 회전하고, 계자극의 N극이 수직으로 아래 위치하는 점을 $\omega t=0$으로 한다. 공극의 자속분포는 정현파 모양이 되고, 그림의 위치 ($\omega t=\pi/2$)에서 a−a′상 도체의 자속밀도는 최대가 된다. a상 도체는 상대적으로 반시계 방향으로 운동하고 있다고 생각하면 플레밍의 오른손 법칙($e=vBl$)에 의해 a상 도체에는 ⊗방향, a′상 도체에는 ⊙방향의 유도전압이 발생하고, 이 위치에서 최대치가 되는 (a′상 도체를 정(正), a상 도체를 부(負)), 즉, a′−a상 도체의 기전력 e_a는 **그림 2-2-12**와 같다. b상, c상에 유기되는 기전력은 e_a에 대해 각각 120°, 240° 지연이 된다.

계자극의 1회전으로 1Hz의 전압파형을 얻을 수 있다. 계자극의 회전수를 N_s[min^{-1}], 극대수를 p로 하면, 유도전압의 주파수 f는 다음 식이 된다.

$$f=\frac{pNs}{60}\ [\mathrm{Hz}] \qquad (2-17)$$

주파수 f는 극대수와 계자극의 회전수의 곱으로 결정되므로 다극기(72극 정도)를 채용하여 기어레스화하고 또, 계자극에 영구자석을 채용하여 손실을 적게 한 시스템이 최근에는 많이 적용되고 있다.

다극형 영구자석식 동기발전기의 제어 블록 예를 **그림 2-2-13**에 나타냈다.

이 발전기의 발전전압의 주파수는 풍속에 따라 변화하므로 발전된 전력은 컨버터에 의해 직류로 변환되고, 또 인버터에 의해 상용주파수의 전력으로 변환되어 계통으로 연계된다. 인버터의 정격용량은 발전기 정격용량과 같아져야 한다. 가변속제어(MPPT 제어)는 컨버터에서 이루어지고, 역률 제어는 인버터에서 이루어진다.

컨버터에서는 풍속의 측정값에서 풍차 특성에 맞는 최적의 발전기 회전수를 계산하고, 이 계산치와 미리 기억시켜 둔 최대 출력곡선(**그림 2-2-5**)으로부터 최적의 발전기 회전수에 대한 최대출력을 구할 수 있다.

다음으로 발전기 유효전력은 유효전류(q축 전류)에 따라 결정되므로, 최대출력을 제어목표값으로 하고, 이 수치와 발전전력의 측정값을 비교하여 제어오차를 0으로 하는 APR(자동유효전력)제어에 따라 유효전류의 제어목표값을 구할 수 있다.

또, 유효전류 제어목표값과 그 측정값의 차와 무효전류 제어목표값과 그 측정값과의 차 및 발전기의 d/q축 전압을 ACR(자동전류) 제어회로에 입력하여, 인

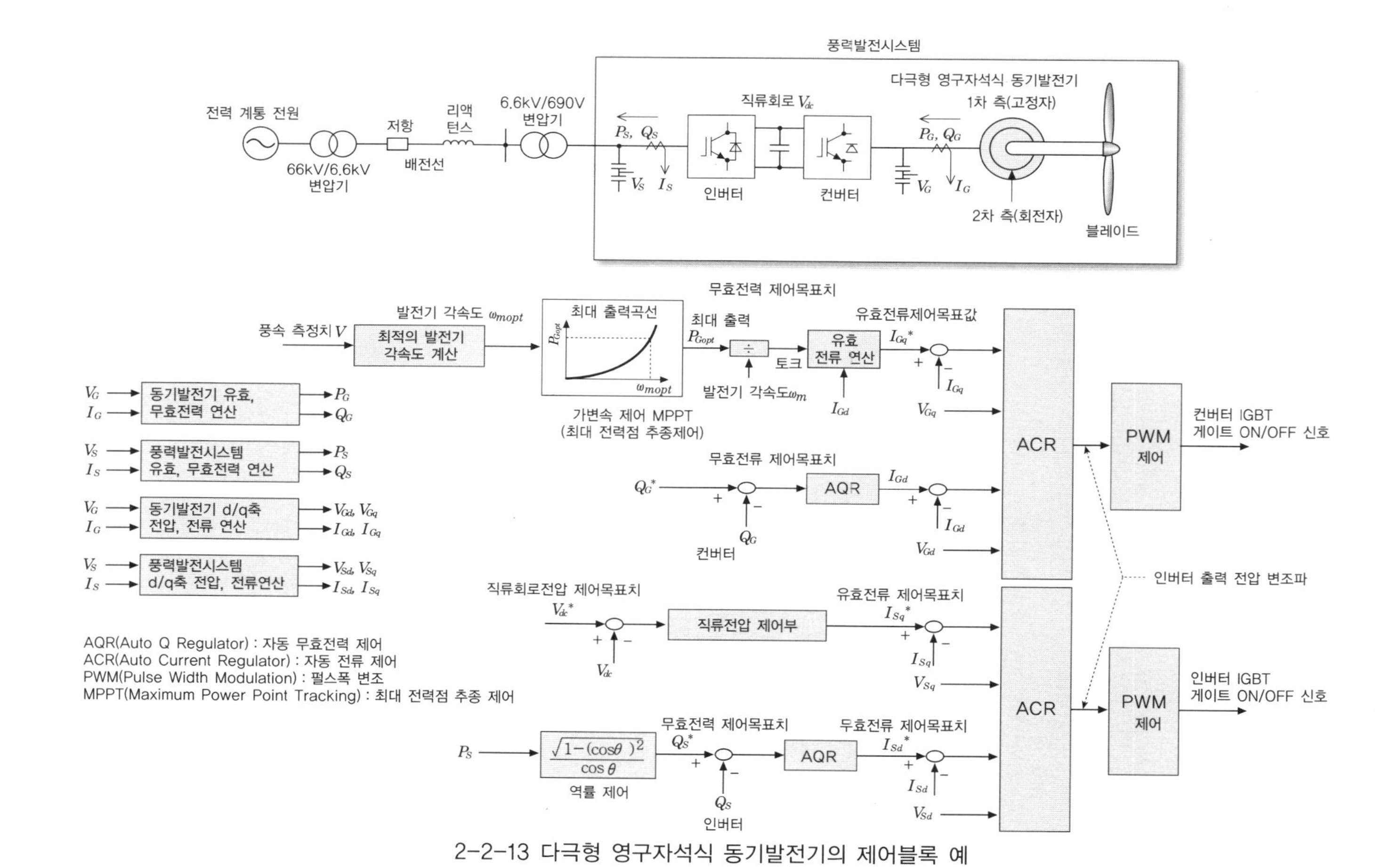

2-2-13 다극형 영구자석식 동기발전기의 제어블록 예

버터 출력전압(변조파)을 구할 수 있다. 여기에서는 제어목표값과 측정값과의 차(제어오차)가 0이 되도록 인버터의 출력전압(2차측 여자 전압)이 제어되어, 가변속제어와 발전기 무효전력제어가 이루어진다.

인버터에서는 직류전압 제어기에서 직류회로전압의 제어목표값과 그 측정값을 비교하여, 그 제어오차를 0으로 한다. 이 직류전압 제어기에서 계통 측 인버터의 유효전류 제어목표값(q축 전류)이 출력된다. 또, 풍력발전시스템의 유효전력에 대해 역률($\cos\theta$) 일정제어를 하기 위해서는 역률값으로부터 풍력발전시스템의 무효전력의 제어목표값을 계산한다. 무효전력은 무효전류(d축 전류)에 따라 결정되므로, 1차 측 무효전력의 제어목표값과 1차 측 무효전력의 측정값을 비교 제어하는 AQR(자동무효전력)제어에 따라 무효전류의 제어목표값을 구할 수 있다.

유효전류 제어목표값과 그 측정값의 차와 무효전류 제어목표값과 그 측정값의 차 및 계통 측 d/q축 전압을 ACR(자동전류)제어회로에 입력하여 인버터 출력전압(변조파)을 구할 수 있다. 여기에서는 제어목표값가 측정값의 차(제어오차)가 0이 되도록 인버터의 출력전압이 제어되고, 결국 발전된 유효전력과 함께 역률제어를 위해 유효전력에 비례하는 무효전력이 계통으로 출력된다.

〈인용, 참고문헌〉

(1) 설계자용「태양광발전시스템 안내서 -기초편-」, 태양광발전시스템 협회, 2009년 8월 발행

(2) 태양광발전 필드 테스트 사업에 관한 가이드라인 -기초편-, 미래를 짊어질 태양광발전, 2008년 3월, (독립행정법인) 신에너지, 산업기술총합개발기구

(3) 풍력발전도입 가이드북(제 9판), 2008년 2월(독립행정법인) 신에너지, 산업기술총합개발기구

(4) 우시야마 이즈미 著 : 풍력에너지 독본 (주)옴사

(5) 大谷 : 특집, 신에너지 실용화 상황 및 장래 전망 - 태양광발전시스템, 전기설비학회지, 2003년 5월호

(6) 태양광발전시스템의 설계와 시공(개정 3판), 2006년 9월, 옴사

(7) 甲斐, 외 : 풍력용 권선형 유도발전기의 최대 출력 제어방식과 출력 변동 평활화 효과, 전기학회, 전력, 에너지부문 논문지, 2008년 7월

신에너지와 계통연계기술

태양광·풍력발전과 계통연계기술

01 신에너지 발전시스템과 계통연계

신에너지 발전시스템은 발전된 전기의 사용방법에 따라 크게 두 종류의 시스템으로 분류된다.

첫 번째는「**독립 전원 시스템**」이라 불리는 것이고, 전력회사의 전기를 끌어오지 않는 설비로 단독으로 사용되는 것이다. 예를 들면, 산막(山小屋)에서의 전력 확보와 자연공원 내에 있는 화장실 등에서 사용되는 전력, 기상관측용 전력, 비오톱(다양한 생물이 지속하여 생활할 수 있는 생식공간을 일컬음)에서의 수환경 펌프용 전력 등을 태양광발전 등으로 공급하는 경우가 이에 상당한다.

다른 한 가지는「**계통연계 시스템**」이라 불리는 것이고, 발전된 전기가 전력회사에서 공급되는 전기와 합쳐져서 이용되는 것이다. 가정과 사업소 등에 설치되는 태양광발전과 윈드팜 등에 설치된 풍력발전 등이 이에 해당한다.

또,「**계통연계 시스템**」은 신에너지로 발전한 전력을 전력회사의 송전선과 배

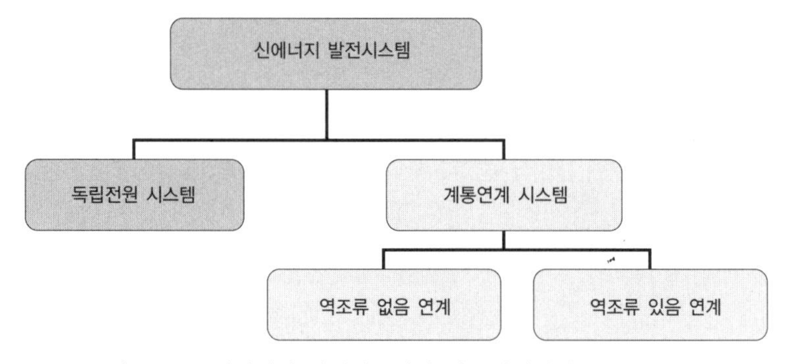

그림 3-1-1 신에너지 발전시스템의 계통연계관점으로 본 분류

전선으로 송출할지 아닌지로 또, 두 종류의 형태로 분류된다. 항상 자기 영역에서 소비하는 전력을 밑도는 양으로 발전량을 컨트롤할 경우와 다 소비하지 않고 남은 전력을 전력회사로 매각(매전)하는 경우가 있다. 전자를 「**역조류 없음 연**

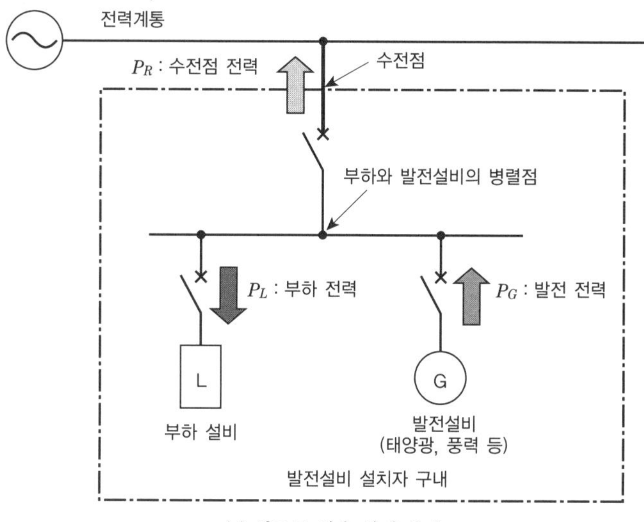

(a) 역조류 있음 연계 상태 : $P_L < P_G$

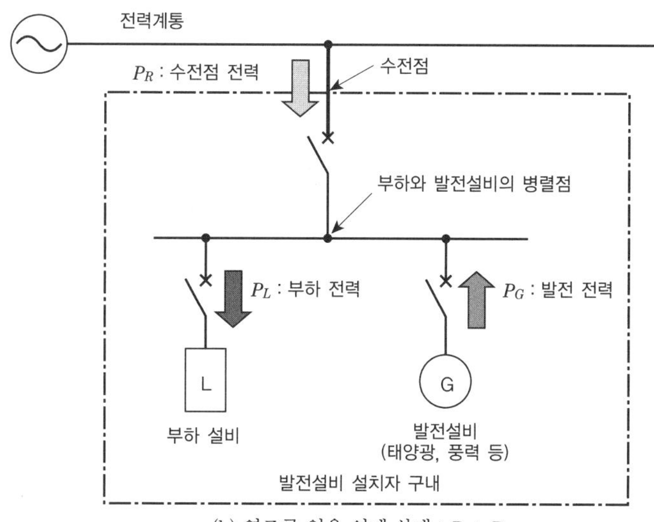

(b) 역조류 없음 연계 상태 : $P_L > P_G$

그림 3-1-2 역조류 있음 연계와 역조류 없음 연계

계」라 하고, 후자는 「**역조류 있음 연계**」라 한다.

이상, 계통연계로부터 본 신에너지 발전시스템의 분류를 **그림 3-1-1**에, 역조류 있음, 없음의 그림을 **그림 3-1-2**에 나타냈다.

「독립 전원 시스템」의 경우는 전력의 발생부터 소비까지 자기책임의 범위이고, 발전된 전력의 품질 등이 다른 사람의 설비에 영향을 주는 것도 아니므로 자기 설비와 인신안전상 관리만 충분하다면 소정의 신고와 검사를 토대로 자유롭게 설치하고 운전할 수 있다.

한편, 「계통연계 시스템」의 경우에는 발전시스템이 전력계통에 접속된 상태에서 운전되므로 발전시스템의 고장과 발전량, 또 발전된 전력의 품질은 전력회사의 계통에 영향을 주는 동시에 동일 전력회사로부터 전기의 공급을 받고 있는 다른 일반 가정과 사업소에 영향을 주게 된다. 따라서 「계통연계 시스템」 설치와 운전에 대해서는 소정의 기준을 지키고, 공공의 안전 확보는 물론 발전전력의 품질확보에 힘써야 한다.

계통연계 시스템 중에서도 특히, 일반 전기사업자(전력회사)와 도매 전기사업자 이외의 사람이 설치하는 발전설비를 총칭하여 「**분산형 전원**」이라 한다. 이 이후 본장에서는 「신에너지 발전시스템」 중에서도 이 「분산형 전원」의 범주에 해당하는 것을 주로 취급한다.

태양광·풍력발전과 계통연계기술

02 계통연계 가이드라인의 정비상황

신에너지 발전시스템을 적극적으로 전력회사의 계통에 연계하고, 이의 전기에너지의 비율을 높이는 것은 지구온난화 대책을 위해 꼭 필요한 것이다. 하지만 풍력과 태양광이라는 자연에너지는 글자그대로 기후에 따라 출력이 결정되며, 발전상태를 인위적으로 자유롭게 제어하는 것은 어렵다. 따라서 이들이 무질서하고 대량으로 계통연계 되는 것은 전력회사로써의 전력품질유지, 보수운용 면에 막대한 영향을 주게 된다. 따라서 전력회사와 발전설비의 설치자 간에 연계에 관한 협의를 충분히 할 필요가 있는 것과 동시에 그 연계조건에 대한 투명성과 공평성이 필요해지는 것이다.

이 같은 이유로부터 발전설비를 연계하기 위해 필요한 기술요건을 규정한 법령과 기준이 점차 정비되어 왔다.

일본의 전기설비에 관한 규정으로는 1964년에 「전기설비에 관한 기술 기준」이 제정되어 그때까지의 「전기공작물 규정」은 폐지되었다. 게다가 이 전기사업법은 규정 완화에 따른 전력 자유화의 흐름에 따라 1995년 4월에 크게 개정되었다. 그리고 1997년 3월에는 「전기설비에 관한 기술기준」, 「발전용 수력설비에 관한 기술기준」, 「발전용 화력설비에 관한 기술기준」, 「발전용 풍력설비에 관한 기술기준」 등의 경제산업성 법령과 그 판단기준인 「전기설비에 관한 기술기준 해석」 등이 전면적으로 개정되었다.

또, 2004년 10월에는 신에너지 등의 분산형 전원의 도입을 촉진하기 위해 그때까지의 「계통연계 기술요건 가이드라인」(1986년 8월, 자원에너지청 공익사업부장 통달)이 「전기설비기술기준 해석」과 「전력품질확보에 관련된 계통연계 기술요건 가이드라인」에 재정리되어 공표되었다. 이들 경제산업성이 규정한 법령과 그 판단기준인 각종「기술기준 해석」의 개정에 맞게 관련된 민간 규격의 정비도 이루어졌다.

당초에는 코제너레이션 설비 등의 자가용 발전설비를 고압(6.6kV)이상의 전력계통으로 연계하는 것이 핵심이었기 때문에 일본 코제너레이션 연구회로부터 「코제너레이션의 계통연계 기술요건 가이드라인 해설서」가 1986년에 발간되었다.

그 후 코제너레이션 이외의 태양광발전과 연료전지발전설비 등의 직류발전설비로, 인버터를 사이에 둔 전력계통으로의 연계 수요의 증가에 맞게 (사)일본전기협회의 전기기술기준조사회에서, 「분산형 전원 계통 연계기술 지침(JEAG 9701-1992)」이 1992년에 제정되고 또, 2006년 6월에는 일본 전기기술 규격위원회에서 「계통연계규정(JEAC 9701-2006)」이 제정되어 있다.

표 3-2-1 계통연계 기술요건 정비 상황

			1990	2000	2010
가이드라인의 정비 상황			86 계통연계 기술요건 가이드라인	04 전기설비기술기준의 해석 전력품질 확보에 관련된 계통연계 기술요건 가이드라인	
민간 규격의 정비 상황			86 코제너레이션의 계통연계 기술요건의 가이드라인 해설서 92 분산형 전원 계통연계 기술지침(JEAG 9701)	06 계통연계규정(JEAC 9701-2006)	
연계계통 발전설비 마다의 조건 정비	특별고압	AC※1	86◎		
		DC※2	90◎		
	스폿네트워크	AC	91○		
		DC	91○		
	고압 전용	AC	86◎		
		DC	90◎		
	고압 일반	AC	86○ 93◎		
		DC	90◎ 93◎		
	저압 배전	AC	98○		
		DC	91○ 93◎		

【범례】
○ : 역조류 없음만
◎ : 역조류 있음 & 역조류 없음

(주) ※ 1 : 교류발전설비 ※ 2 : 역변환장치를 이용한 발전설비

「계통연계규정(JEAC 9701-2006)」에서는 「전력품질의 확보에 관련된 계통연계 기술요건 가이드라인」과 「전기설비기술기준 해석」의 분산형 전원의 계통연계에 관련된 필요한 부분을 중심으로 분산형 전원을 계통으로 연계할 때에 준수해야 할 사항이 정리되어 있다.

분산형 전원의 계통연계에 관련된 각종 기술요건의 정비 상황의 연보를 표 3-2-1에 정리하여 나타냈다. 이 표로부터 다음의 것을 알 수 있다.

- 분산형 전원은 교류발전설비와 역변환장치를 이용한 발전설비의 두 종류로 크게 나뉘고, 각각의 계통연계 기술요건이 정비되었다.
- 1998년 이후, 모든 전력계통에 분산형 전원을 연계할 수 있게 되었다.
- 단, 역조류 없음 연계에 한정된 케이스(역조류 할 수 없는 경우)가 두 가지 있다. ① 스폿네트워크 계통으로 발전설비(교류 및 역변환장치)를 연계하는 케이스와 ② 저압배전계통으로 교류발전설비를 연계하는 케이스이다.
- 상기 이외의 케이스에서는 분산형 전원의 종별과 역조류 유무에 관계없이 연계가 가능하다.

그림 3-2-1에 분산형 전원의 종류와 적용되는 연계계통의 관계를 정리해두었다.

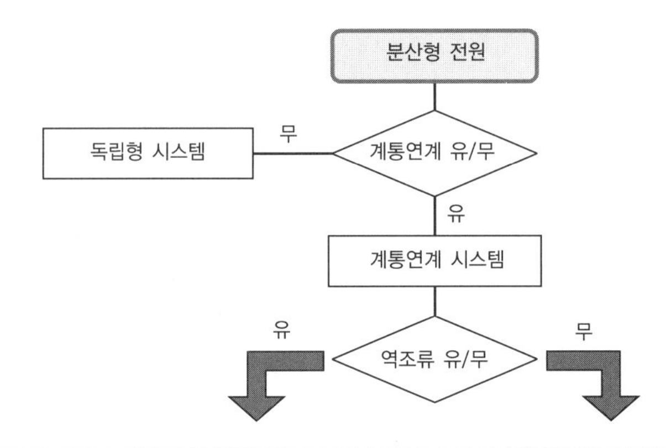

	역조류 있음		역조류 없음	
	교류	직류 (역변환장치)	교류	직류 (역변환장치)
특별 고압	○	○	○	○
스폿 네트워크	×	×	○	○
고압 전용	○	○	○	○
고압 일반	○	○	○	○
저압 배전	×	○	○	○

(주) ○ : 연계가 가능 × : 연계가 불가능

그림 3-2-1 분산형 전원과 계통연계의 관계

• 전기설비에 관한 기술기준을 규정한 법령

전기사업법을 토대로 발전용 설비의 원동기 등을 제외한 전기공작물의 기술기준을 규정하는 경제산업성법령(1997년 통상산업성법령 제 52호).

행정절차법을 토대로 한 심의기준이기도 하다. 보안상 달성해야 할 목표, 성능을 규정(성능 규정화)한 것으로 일반적으로는 「전기설비 기술기준」이라 약칭되지만 규정이 매우 간소화되어 있고, 구체적인 내용과 수치는 「전기설비에 관한 기술기준 해석」에 나타나 있다.

• 전기설비에 관한 기술기준 해석

「전기설비 기술기준 해석」 또는 간단하게 「전기해석」이라 약칭하고 있다. 상기의 「전기설비 기술기준」에서 규정한 성능을 구체화한 것으로 전기설비의 설계, 시공 및 보수, 관리에 필요한 구체적인 시공방법은 이 「전기설비 기술기준 해석」에 위임되어 있다.

또, 이는 전기사업법을 토대로 한 보안확보상의 행정처분을 하기 위한 심사기준의 구체적 내용을 나타낸 판단기준이자 기술기준으로 규정된 요건을 만족시켜야 할 기술내용의 일례를 구체적으로 나타낸 것이다.

「제 8장 일반 전기사업자 및 도매 전기사업자 이외의 사람이 발전설비 등을 전력계통으로 연계하는 경우의 설비」로써 제 273조부터 제 293조까지 제 1절 : 통칙, 제 2절 : 저압배전선과의 연계, 제 3절 : 고압배전선과의 연계, 제 4절 : 스폿네트워크 배전선과의 연계, 제 5절 : 특별 고압배전선과의 연계에 대한 규정이 있다.

• 전력품질에 관련된 계통연계 기술요건 가이드라인

가이드라인은 법령이 아니라 행정상 지도와 감독을 할 때의 기본적인 지표를 나타낸 문서라고 생각할 수 있다. 법적 구속력은 없지만 지켜야 할 요건의 하나로 자리 잡고 있다.

현재의 가이드라인은 2004년 10월 1일, 16자전부(資電部) 제 114호이다.

• 계통연계규정

1997년에 실시된 전기설비 기술기준 개정에 따라 공정, 공평한 민간 기관에서 제정, 승인된 규격이라면 전기사업법의 「심사기준」과 「기술기준」으로의 인용이 가능해졌다. 일본 전기기술 규격위원회에서 정해진 규격도 이에 해당한다.

현재의 규정은 JEAC 9701-2006「계통연계규정」으로 (사)일본전기협회로부터 발행되고 있다. 이른바 민간 규정이다.

태양광·풍력발전과 계통연계기술

03 계통연계된 발전시스템의 종류

발전시스템은 계통연계시의 전기적인 행동의 차이에서 크게 교류발전설비와 인버터를 이용한 발전설비로 나눌 수 있다.

(1) 교류발전설비의 출력을 직접 계통연계하는 형태

풍차, 수차 및 바이오매스 연료를 사용한 엔진과 가스 터빈 등을 원동기로써 사용하고, 계통주파수에 동기하여 전력을 발전하는 설비이다. 코제너레이션 발전설비와 상용화하여 계통연계하는 비상용 발전설비 등도 이에 포함된다.

(2) 직류발전설비 등으로 인버터를 이용하여 계통연계하는 형태

일반적으로 태양광발전, 연료전지발전 등의 직류발전설비이고, 인버터를 이용한 발전설비이다. 풍력발전과 마이크로 가스터빈 발전 등이라도 발전설비의 교류출력을 일단 직류로 변환하고, 인버터를 사이에 두고 계통에 연계하는 경우에는 이에 포함된다. 또, 발전은 실시되고 있지 않은 2차 전지 등에서 방전시 전기가 계통과 연계되는 경우에는 발전설비와 동등하게 간주된다.

발전시스템 구성을 계통연계의 관점으로부터 정리하여 표 3-3-1에 나타냈다.

표 3-3-1 계통연계규정에서 취급되는 발전시스템의 종류

(일부 「계통연계규정 JEAC 9701-2006」으로 발췌)

	발전소의 종별	발전기 또는 발전장치의 종별	회로구성(예) ⇨는 유효전력 방향을 나타냄	역변환 장치	교류발전기	
					유도기	동기기
1.	수력 풍력	농형 유도기 권선형 유도기	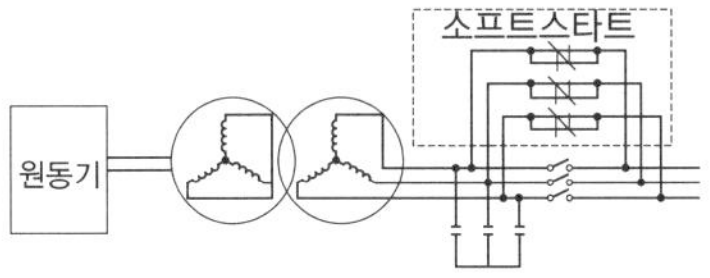 원동기, 소프트스타트		○	
2.	수력 풍력	권선형 유도기 (교류여자 동기기)	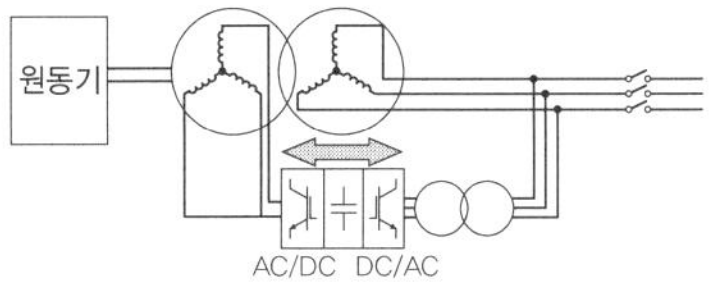 원동기, AC/DC DC/AC			○
3.	화력 수력 풍력 내연기관	직류여자 동기기	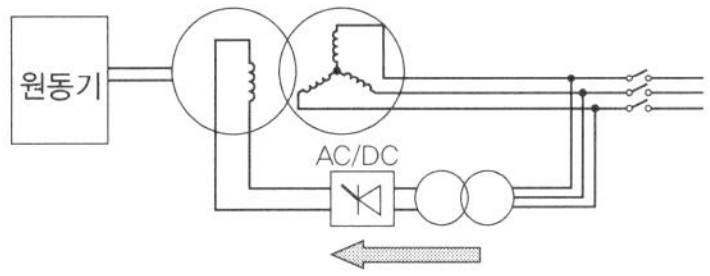 원동기, AC/DC			○
4.	연료전지 태양광	직류발전장치	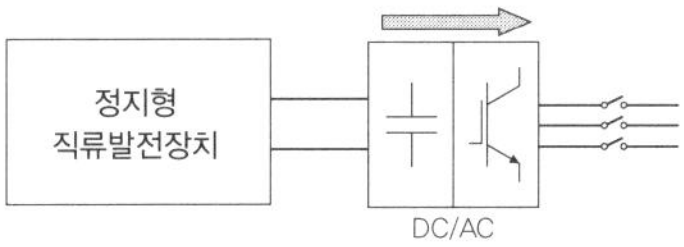 정지형 직류발전장치, DC/AC	○		
5.	2차 전지 등	직류발전장치	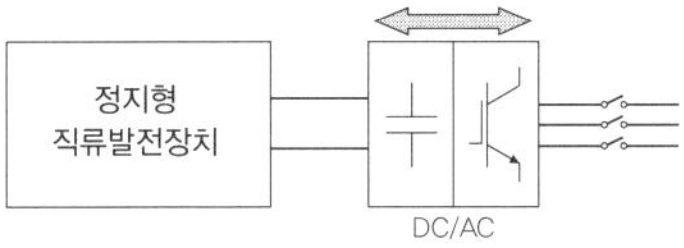 정지형 직류발전장치, DC/AC	○		
6.	수력 풍력	농형 유도기	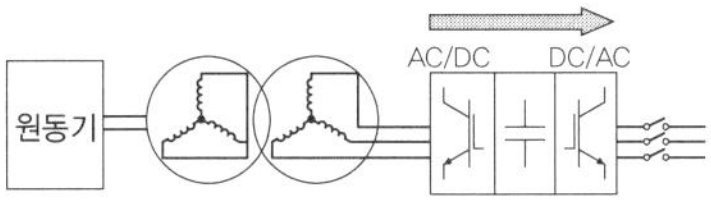 원동기, AC/DC DC/AC	○		
7.	풍력 내연기관	직류여자 동기기	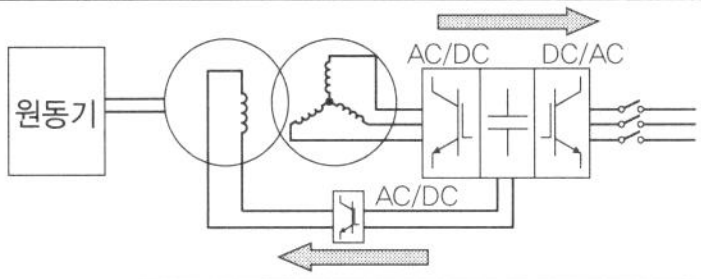 원동기, AC/DC DC/AC, AC/DC	○		
8.	수력 내연기관 마이크로 가스터빈	영구자석 동기기	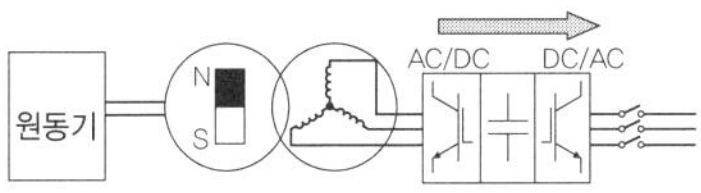 원동기, N S, AC/DC DC/AC	○		

태양광·풍력발전과 계통연계기술

04 계통연계에 관련된 기본 사항

4-1 연계구분

전력회사의 계통은 그 계통마다 계통용량과 설비형성방법, 그리고 설비운용 등에 대한 사고방식이 다르다. 또, 안전 확보, 전력품질 확보 등의 관점으로부터도 연계처의 계통마다 연계할 수 있는 발전설비의 종류와 용량 등에 대해서 일정 기준이 규정되어 있다. 이를 표 3-4-1에 나타냈다.

(1) 연계구분 적용

연계구분에 대해서는 발전설비의 출력전압이 아니라 연계지점의 상용계통의 전압과 형태에 의존한다. 여기에서 말하는 연계지점의 정의는 전력회사와 분산

표 3-4-1 연계구분에 대해서

연계구분	1설치자당 전력용량	발전설비의 종류	역조류의 유무
저압배전선	원칙으로 50kW 미만	역변환장치를 이용한 발전설비	유, 무
		교류발전설비	무
고압배전선	원칙으로 2000kW 미만	역변환장치를 이용한 발전설비 또는 교류발전설비	유, 무
스폿네트워크 배전선	원칙으로 10000kW 미만	역변환장치를 이용한 발전설비 또는 교류발전설비	무
특별고압 전선로	원칙으로 2000kW 이상	역변환장치를 이용한 발전설비 또는 교류발전설비	유, 무

형 전원 설치자와의 책임분해점(관리 경계지점)에서의 전압과 계통인 것에 유의해야 한다. 예를 들면, 고압배전선에서 수전하는 수용가가 구내저압회로에 저압 발전설비를 설치할 경우라도, 원칙으로 고압배전선으로의 연계기술요건이 적용되게 된다.

(2) 발전설비의 출력용량이 계약전력에 비해 매우 적은 경우

전 항의 예외사항으로 「발전설비의 출력용량이 계약전력에 비해 매우 작은 경우에는 **표 3-4-1**에 나타낸 연계구분으로 하위의 연계구분에 준거하여 연계할 수 있다.」고 규정되어 있다. 구체적인 예로는 고압수용가와 특별고압수용가의 「**간소화된 저압연계**」가 있다.

- 간소화된 저압연계

전력회사와의 계약전력이 비교적 큰 고압수전과 특별 고압수전의 수용가가 소규모에서 중규모의 태양광발전설비와 풍력발전설비를 설치하는 경우에는 전력회사와의 협의를 토대로 저압연계 기술요건을 적용할 수 있다. 기준으로는 「발전설비용량이 수전전력의 5% 정도 이하이고, 항상 발전설비로부터의 전력을 구내에서 소비할 수 있는 것」이라는 수치가 나타나 있다.

예를 들면, 1000kW를 계약전력으로 하고 있는 수용가에서 10kW의 태양광 발전설비를 설치한 경우, 발전설비의 비율은 1%이므로, 이 조건을 적용할 수 있다. 이에 따라 연계에 관련된 설비비용을 삭감할 수 있다.

단, 특별고압수전의 수용가에 있어서 고압의 연계구분에 준거하여 연계하는 경우의 목표는 나타나있지 않으므로 전력회사와의 개별협의로 결정되어야 한다.

(3) 스폿네트워크 배전선과의 연계요건

네트워크 변압기의 2차 측을 2회선 또는 3회선으로 상시 병렬하여 수전하는 형태를 전제로 하고 있다(스폿네트워크 수전설비). 예를 들면 스폿네트워크 배전선으로부터 1회선 수전과 상용예비수전하고 있는 수용가에서 발전설비를 연계하는 경우에는 특별 고압배전선로의 연계요건이 적용된다.

(4) 발전설비의 1설치자당의 전력용량

연계구분 중에서 「발전설비의 1설치자당 전력용량」이라는 표현이 사용되고 있는 점에 주의해야 한다. 이는

• 발전설비 설치자에게 있어서의 계약전력 또는 계통에 연계하는 발전설비의 출력용량 중 어느 쪽인가가 큰 쪽이 된다.

를 의미하고 있다. 이는 전력회사가 안정된 전력계통을 유지운용하기 위해서는 선로의 최대조류에 맞춘 설비계획을 할 필요가 있고, 이 때문에 조류 방향은 물론이고 연계점에 흐르는 최대 조류를 관리하고 파악해야 하는 점이 근거로 되어 있다. 따라서, 발전기의 정기검사와 보수시 등에 상시의 계약전력을 넘는 부족분을 예비계약(예를 들면, 「자가발 보급전력 A」)을 하고 있는 경우 등은 이를 가산한 합계용량을 계약전력으로 간주해야 한다.

또, 발전설비 측의 출력용량에 대해서는 교류발전기의 경우에는 이 정격출력을 인버터를 사용한 발전설비의 경우에는 인버터의 정격출력으로 여겨진다.

(5) 역조류의 유무와 전압 관리

분산형 전원을 역조류가 있는 경우에 연계할지 말지에 따라 공급신뢰도, 전력품질, 보안확보 등의 면에서 전력계통 운용의 어려움이 달라진다. 전력계통 운용자가 본 분산형 전원의 설치로 가장 영향을 받는 것 중의 하나로 「공급전압의 품질관리」가 있다.

불특정다수의 수용가에 전력을 공급하는 배전계통에 있어서는 계통 각 곳의 저압수용가의 수전전압을 소정의 수치(101±6V, 202±20V)에 유지해야 하는 것이 전기사업법 제 26조 및 전기사업법 시행 규칙 제 44조에 주파수와 함께 규정되어 있다. 이 때문에 전력회사는 부하상태에 맞춘 발전소의 송출전압을 조정하고, 배전선로 각 곳의 주상변압기의 탭을 부하상태와 선로상태에 맞춰 적절하게 설정하고, 또 필요에 맞게 선로 도중에 자동전압 조정 장치를 설치하는 등의 방법을 취하고 있다.

예를 들면, **그림 3-4-1**과 같이 배전용 변전소 및 배전선로에서 특정의 배전선(특히 말단부분)에 분산형 전원이 연계되는 케이스를 생각해보면, 상기의 전압 조정의 어려움을 알 수 있다.

고압배전선 ①에는 분산형 전원이 역조류연계되어 있지 않으므로 조류가 말단을 향해 흐르고, 배전선의 전압은 선로말단으로 감에 따라 저하한다. 한편, 대부분의 분산형 전원이 선로말단에 역조류 있음으로 연계된 고압배전선 ②에서는 조류가 선로말단에서 변전소 방향으로 흐르기 때문에 배전선의 도중부터 선로전압이 상승하게 된다. 이 상태로 고압배전선 ①의 전압의 선로의 말단에서도 적

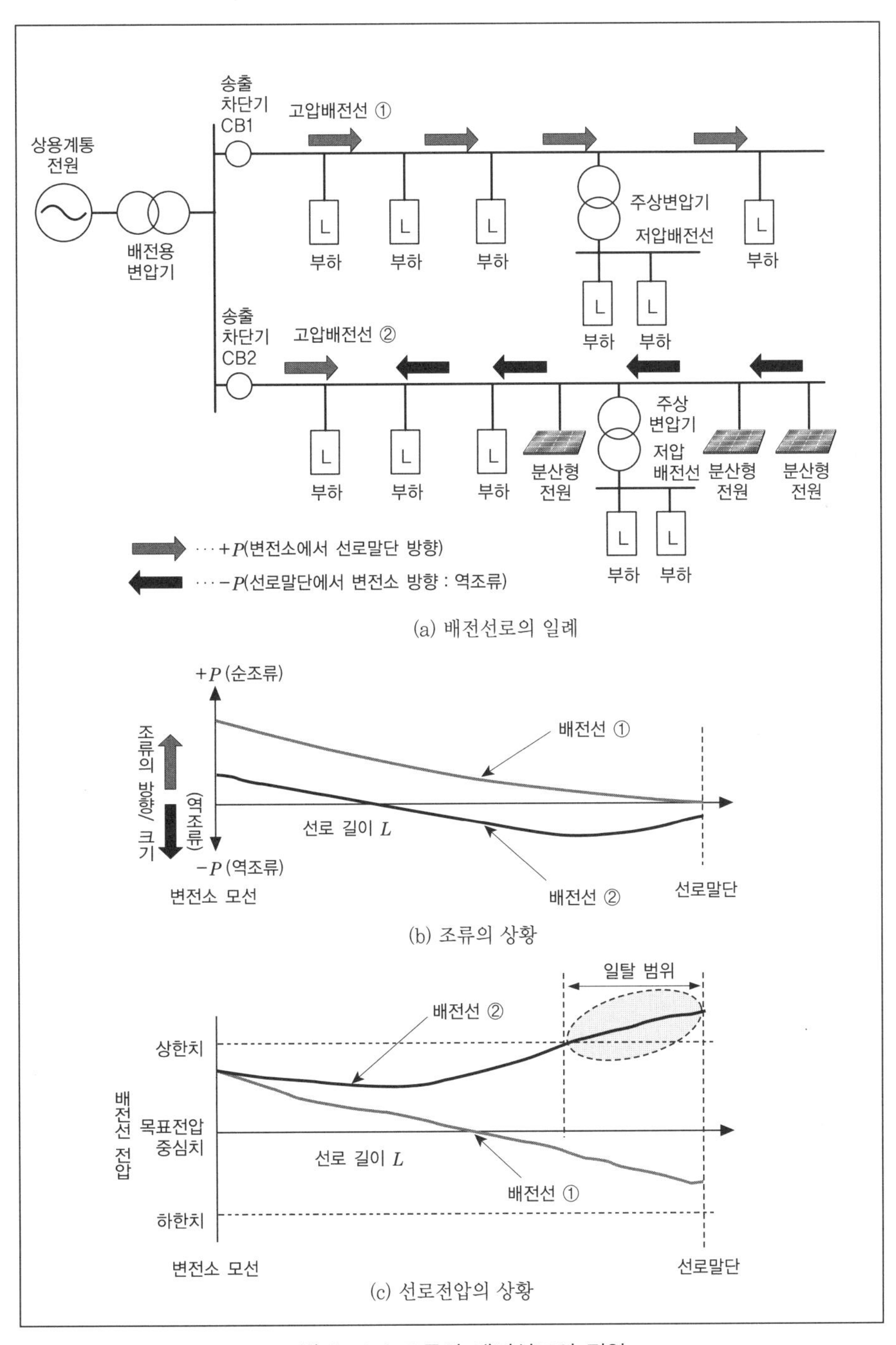

그림 3-4-1 조류와 배전선로의 전압

절한 수치가 되도록 배전용 변전소의 송출전압을 조정하면 고압배전선 ②의 말단부분에서는 규정 전압을 빗나가게(상한을 넘음) 된다.

자연에너지발전 중에서도 태양광발전과 풍력발전 등은 발전상태가 기상상황에 좌우되고, 시시각각 변화하기 때문에 이들 분산형전원이 증가하면 전력회사에서의 전압 관리가 보다 한층 어려워진다.

4-2 계통연계와 단독 운전 방지

분산형 전원을 전력계통에 연계할 때에는 반드시 단독 운전에 대한 대책을 세워야 한다. 여기에서는 단독 운전 방지의 필요성과 단독 운전 방지에 대한 기본적인 사고방식을 설명한다.

저압배전선과 고압배전선에서 분산형전원이 연계되어 있지 않으면 사고발생 등의 경우에는 발전소의 인출구 차단기를 개방하여 배전선을 무전압 상태로 만드는 것으로, 전기화재방지와 감전사고방지 등의 설비, 인신 안전을 도모할 수 있다. 또, 사고 시 이외라도 작업 시와 화재 등의 긴급 시에는 배전선로의 개폐기를 개방하여 배전선을 무전압 상태로 만들어야 하는 경우도 있다.

하지만 분산형 전원이 배전선에 연계되고 또, 전력회사의 차단기와 개폐기를

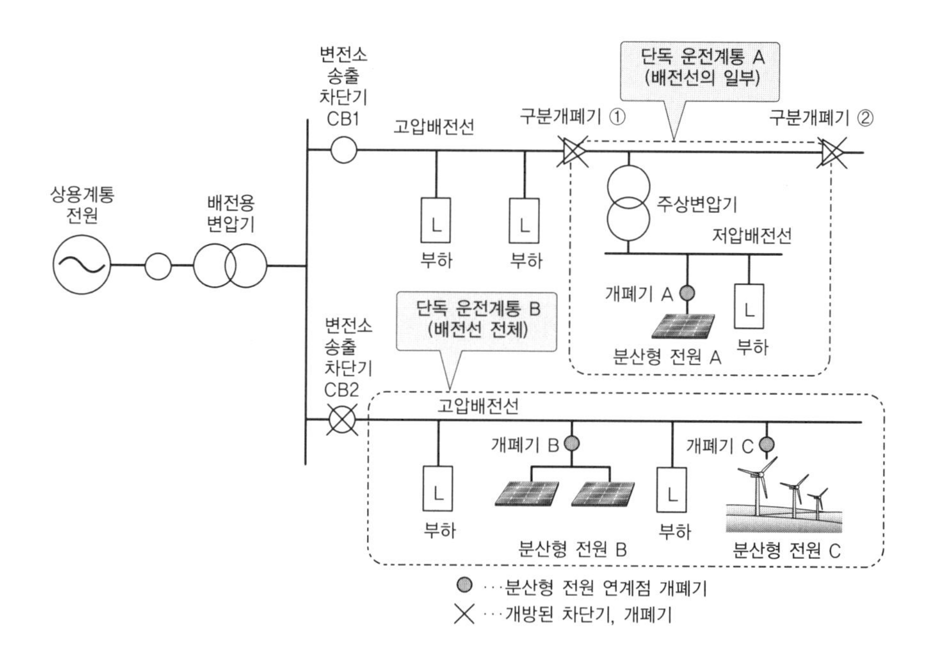

단독 운전계통 A :	구분개폐기 ①과 ②가 개방되더라도 개폐기 A가 개방되지 않고 분산형 전원 A가 계통으로 접속된 상태라면 고압배선전선의 일부와 저압배전선이 충전된 상태가 된다.
단독 운전계통 B :	변전소 송출 차단기 CB2가 개방되더라도 개폐기 B와 개폐기 C가 개방되지 않고, 분산형 전원 B와 분산형 전원 C가 접속된 상태라면 고압배전선 전체가 충전된 상태가 된다.

그림 3-4-2 분산형 전원의 단독 운전의 예

개방하여 분리된 상태에서도 분산형 전원의 운전이 계속되면 본래 무전압이어야 할 범위가 충전된 상태가 된다.

이같이 전력회사의 계통에서 분리되고 또, 분산형 전원에 의해 충전된 계통을 **단독 운전계통**이라고 한다. 또, 이때 단독 운전계통 내에서 분산형 발전설비의 발전출력과 부하전력이 불균형이 된다면 주파수와 전압이 소정의 범위를 크게 벗어나 일반 수용가에서의 설비가 손상될 우려도 생긴다.

그림 3-4-2에 배전선의 전력 공급 정지시에 분산형 전원의 단독 운전의 예를 나타냈다.

즉, 단독 운전계통에서는 이하와 같은 보수와 소방 등에 관련된 인신안전면의 문제와 설비안전면의 문제가 발생하므로 이를 방지할 필요가 있다.

- 공중감전, 전력회사 작업원의 감전
- 소방 활동에 미치는 영향
- 기기 손상 발생

또, 고압배전선 사고시에는 전력회사의 송출 차단기에 따라 자동재폐로되어, 그 후 선로 도중에 설치된 자동개폐기에 의해 배전선을 변전소 측에서 말단을

표 3-4-2 단독 운전방지의 기본대책

계통연계의 형태		단독 운전방지 대책
역조류의 유무에 따른 방책의 차이	없음	단독 운전시에는 발전설비에서 계통 측으로 전력이 유출되기 때문에 발전설비의 수전점에 조류의 방향을 검출하는 장치(역전력 릴레이 등)를 설치하여 자동적으로 계통에서 분리한다.
	있음	상시상태에서도 계통 측으로 전력이 유출되고 있으므로 역전력 릴레이 등은 적용할 수 없다. 이 때문에 상용계통의 인출구 차단기 개방의 정보를 전송하여 자동분리하는 장치(전송차단장치)와 발전설비마다 연구한 단독 운전 검출을 위한 장치(단독 운전 검출장치 : 자세한 것은 뒤에 서술)를 설치한다.
저압배전선에 교류 발전기를 설치하는 형태		단독 운전을 검출, 보호하는 유효한 기술이 성숙되어 있지 않으므로, 원칙으로 역조류가 없는 경우의 연계가 기본이 된다. 이 경우에는 역전력 릴레이 등을 적용할 수 있다(보안 확보와 주변 수요가로 영향이 없다고 판단되는 경우에는 전력회사와의 개별 협의로 역조류가 있는 경우에 연계가 가능해지는 경우도 있다).
특별고압전선로에서의 특례		단독 운전상태가 되더라도 적정한 전압과 주파수의 유지가 가능하다면 단독 운전을 인정할 수 있다.

향해 구간마다 순차 충전하면서 복구하는 자동 재송전 방식을 채용하고 있다. 또, 이것으로 복구할 수 없는 구간에 대해서는 배전선의 개폐기를 원격으로 제어하여 건전한 타회선에서 부분적인 역송전을 한다. 이 같은 복구방식을 채용하고 있는 배전계통에 있어서 단독 운전계가 존재하면 자동재송전은 물론이고 원격으로도 복구할 수 없어, 그 결과로 공급신뢰도가 저하한다.

이같이 단독 운전방지는 계통운용에 있어서 필수사항이 된다. 이와 같은 단독 운전방지의 기본적인 대책을 표 3-4-2에 나타냈다.

4-3 전기방식

발전설비의 전기방식이 연계하는 계통의 전기방식과 다르면 계통 측의 조류의 상간 불균형, 또 이에 따라 계통전압의 상간 불균형이 생길 우려가 있으므로, 연계되는 발전설비의 전기방식은 원칙으로써 연계하는 계통의 전기방식(단상 2선식, 단상 3선식, 3상 3선식)과 동일해야 한다.

또, 단상 3선식 전기방식 연계에서는 부하의 불평형과 발전전력의 역조류에 따라 중성선에 부하선 이상의 과전류가 생길 가능성이 있으므로 3극에 과전류 보호소자를 가지는 차단기를 수전점에 설치해야 한다.

(1) 계통과 다른 전기방식이 인정되는 경우

지금까지의 실적으로 **소출력 발전설비**(주)이고 상간 불평형에 따른 영향이 적고 문제가 되지 않는 경우에는 연계하는 계통의 전기방식과 다르더라도 괜찮다고

표 3-4-3 다른 전기방식이 인정되는 발전설비의 정격출력

계통 \ 발전설비	단상 3선식 200V	단상 2선식 200V	단상 2선식 100V
고압 3상 3선식[1]	6kVA 이하	6kVA 이하	2kVA 이하
단상 3선식 200V	(동일 전기방식)	6kVA 이하[2]	2kVA 이하

(주) (1) 고압 등의 3상 2선식으로 수전하는 수요가에서 단상부하의 비율이 많고, 발전설비의 설치에 따라 불평형이 완화되는 경우 등은 이 기준을 넘어도 괜찮다.
(2) 단상 3선식 200V 계통에 단상 200V의 발전설비를 연계할 때에 중성점에 대한 양측의 전압을 상시 감시하고, 수전점의 개폐기를 개방했을 때 등에 부하불평형에 따라 발생하는 과전압(120V를 넘는 것)에 대해 역변환장치를 정지하는 대책 또는 발전설비를 분리하는 대책을 설치한 경우에는 발전설비의 출력은 6kVA를 넘어도 괜찮다.

주

(주) 소출력 발전설비

전압 600V 이하라서 비교적 소규모인 발전설비는 전기사업법상은 소출력 발전설비로 규정되어 일반용 전기공작물의 범주가 된다. 다음에 규정한 설비라도 동일 구내에 설치하는 다른 설비와 전기적으로 접속되어 그들 출력의 합계가 20kW 미만의 발전설비를 말한다.

① 태양전지 발전설비 : 20kW 미만
② 풍력 발전설비 : 20kW 미만
③ 수력 발전설비 : 10kW 미만(댐을 수반하는 것을 제외)
④ 연료전지 발전설비 : 10kW 미만(고체고분자형 및 고체산화물형)

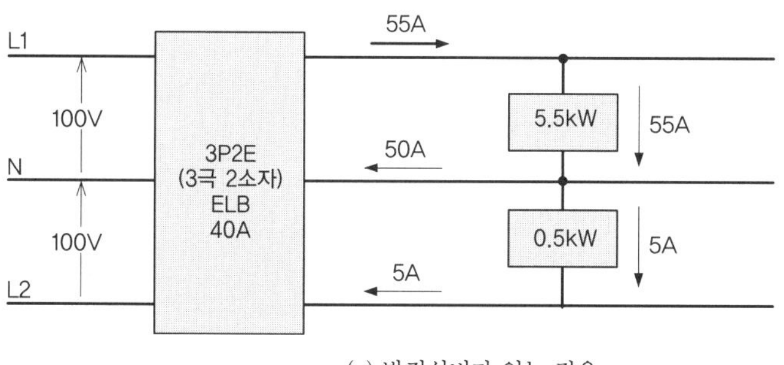

(a) 발전설비가 없는 경우

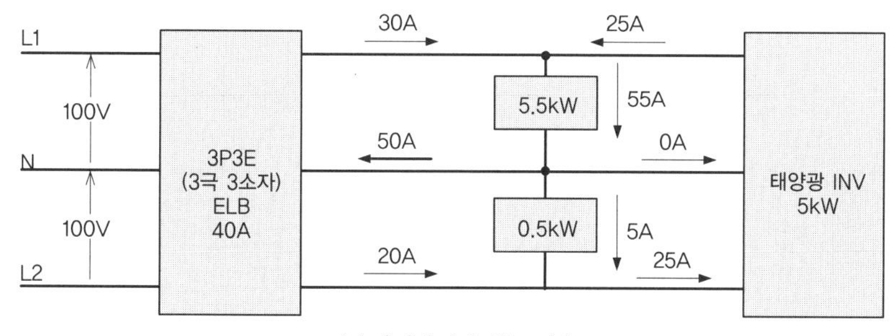

(b) 발전설비가 있는 경우

그림 3-4-3 3극 3소자 차단기가 필요한 예

한다. 이 사고방식을 적용할 수 있는 기준으로 삼고 있는 발전설비의 정격출력을 표 3-4-3에 나타냈다.

(2) 3극에 과전류 보호소자를 가지는 차단기의 필요성

단상 3선식 200V의 전기방식 계통에 분산형 전원을 연계할 때에 구내의 100V 부하의 불균형 상태와 발전출력의 상태에 따라서는 중성선에 과전류가 생기는 경우가 있어 유의해야 한다. 이 일례는 그림 3-4-3과 같다.

발전설비가 없는 경우(그림 3-4-3(a))에는 중성선(N)에는 전압선(L1, L2)에 흐르는 전류의 차분이 흐르므로, 전압선보다도 큰 전류가 흐르는 경우는 없다. 따라서 중성선에 보호소자를 필요로 하지 않는 3극 2소자(3P2E)의 차단기도 괜찮다.

하지만 태양광 발전설비 등을 설치한 경우에는 앞서 서술한 것과 동일 부하조건이더라도 그림 3-4-3(b)와 같이 중성선에 흐르는 전류가 3선 중에서 최대가 되는 경우가 있다. 이 예와 같은 중성선의 과전류를 검출하기 위해서는 3극 3소자(3P3E)의 차단기가 필요해진다.

4-4 역률

전력계통에서는 유효전력뿐만 아니라 무효전력의 흐름에 대해서도 관리해야 할 필요가 있다. 이는 전력계통을 구성하는 변압기와 송전선 등의 임피던스는 대부분 유도성(저항성분≪리액턴스성분)인 것에 기인한다. 또, 무효전력이 많은 부하가 많아지면(부하역률이 나빠짐), 송전선과 배전선을 흐르는 전류가 많아지므로, 전력손실이 증대하게 된다.

따라서 계통전압을 유지, 전력손실을 저감하는 등의 관점으로부터, 부하와 발전기의 역률을 관리해야 할 필요가 있다. 또, 페란티 효과(주)에 따른 전압상승을 방지하기 위해 진상(leading)역률에서의 수전은 피해야 한다.

> **주**
> **페란티 효과**
> 진상역률의 부하가 집속되면 외관상 지상인 무효진력이 발진된 것과 같은 상대가 되고 송전선과 배전선의 말단전압이 상승한다. 특히, 경부하시에는 유효분 전류에 따른 전압강하가 적어지므로 이 현상이 현저하게 나타난다.

이 같은 관점으로부터 부하설비의 경우에는 전기공급 약관 등에서 표준적인 역률의 사고방식이 규정되어 있다. 분산형 전원설비에서도 이에 준하여 「**수전점에서의 역률 85% 이상으로 하고 또, 계통 측에서 보아 진상 역률이 되지 않는 것**」으로 여기고 있다.

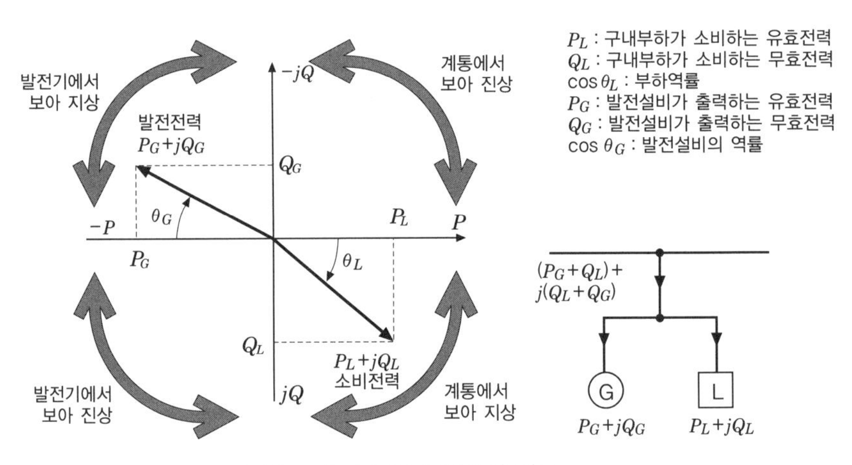

그림 3-4-4 조류 벡터도의 기본

여기에서 역률[%]의 정의는 (유효전력)/(피상전력)×100[%]으로 일반적으로 나타내지만 역률의 진상(leading), 지상(leging)에 대해서는 유의해야 한다. 왜냐하면 발전설비와 부하설비가 동일 구내에 설치되는 경우가 많은 분산형 전원설비에서는 조류방향의 기준으로 발전설비 측에서 볼 지, 계통 측을 기준으로 하여 볼 지로 정부(正負)의 취급이 역전되기 때문이다.

이 때문에 「계통연계규정」에서는 계통 측에서 부하방향으로 흐르는 전력조류를 정(正)으로 취급하고, 무효전력에 대해서는 계통에서 보아 지상 무효전력을 정(正)으로 정의하고 있다. 즉, 전력계통 측을 기준으로 한 관점으로 통일하고 있다.

이들 관계를 **그림 3-4-4**에 나타냈다. 발전기에서 보아 지상 역률인 전력은 계통에서 보아 진상 역률 전력이 되고, 발전기에서 보아 진상 역률인 전력은 계통 측에서 보아 지상 역률 전력이 되는 것을 알 수 있다.

역조류가 있는 경우의 연계에서의 연계점 전력의 역률 계산의 구체적인 예를 나타냈다.

그림 3-4-5에 발전설비가 진상 역률인 경우를, **그림 3-4-6**에 발전설비가 지상 역률인 경우를 나타내고 있다.

그림 3-4-5에서는 수전점에서의 조류는 계통에서 보아 지상이고, **그림 3-4-6**에서는 수전점에서의 조류는 계통에서 보아 진상으로 되어 있으므로 발전설

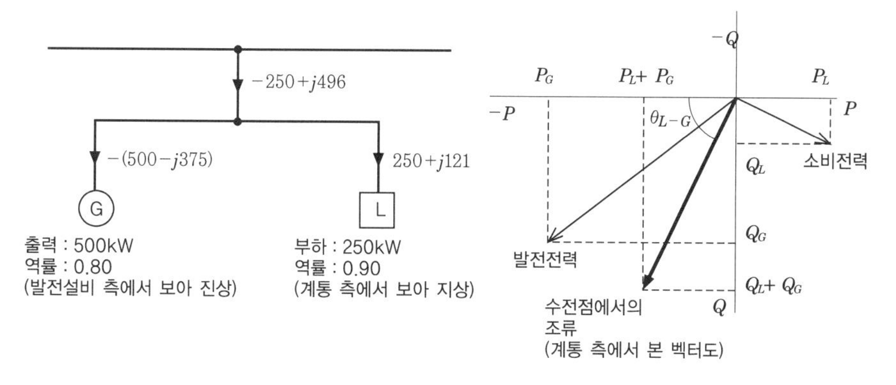

$$(\text{역률})\ \cos\theta_{L-G}=\frac{P_L+P_G}{\sqrt{(P_L+P_G)^2+(Q_L+P_G)^2}}=\frac{|250+(-500)|}{\sqrt{(250+(-500))^2+(121+(-375))^2}}=0.45$$

·계통 측에서 보아 무효전력이 정(正)인 점으로부터 역률은 지상이다.

그림 3-4-5 역조류가 있는 경우의 연계에서 발전설비가 진상 역률인 경우
(출처 : 계통연계규정)

비의 운전역률을 조정하고, 계통에서 보아 지상 역률로 할 필요가 있다.

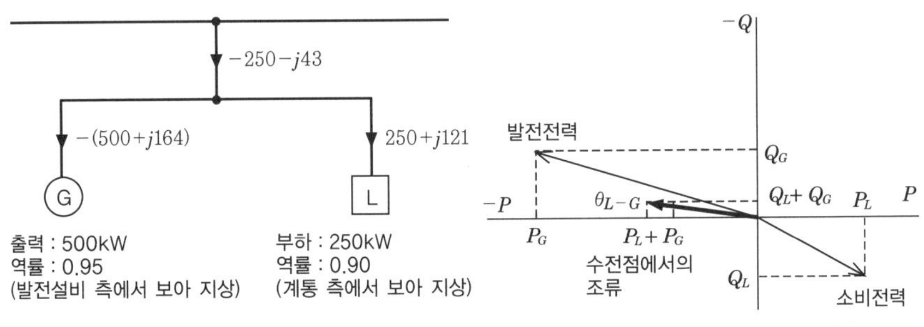

$$(\text{역률})\ \cos\theta_{L-G}=\frac{P_L+P_G}{\sqrt{(P_L+P_G)^2+(Q_L+Q_G)^2}}=\frac{|250+(-500)|}{\sqrt{(250+(-500))^2+(121+(-164))^2}}=0.99$$

• 계통 측에서 보아 무효전력이 부(負)가 되고, 역률은 진상이 되는 점으로부터 발전설비의 운전역률을 조정하여, 무효전력을 정(正)(계통 측에서 보아 지상 역률)으로 하는 것이 필요.

그림 3-4-6 역조류가 있는 경우의 연계에서 발전설비가 지상 역률인 경우
(출처 : 계통연계규정)

4-5 전압변동

저압배전선 계통과 고압배전선 계통에 발전설비를 연계할 때에는 해당 계통에서 전력공급을 받는 저압수용가의 수전전압에 미치는 영향을 고려해야 할 필요가 있다. 이에 대해서는 「상시전압변동」과 「순시전압변동」의 양면에서 검토해야 하고 또, 풍력발전 설비에서의 「전압 플리커」(풍속의 변화에 따라 발생할 가능성이 있음) 등도 검토 대상이 된다.

(1) 상시전압변동 대책

전력회사의 공급전압은 전기사업법에 따라 표준전압 100V에 대해서는 101±6[V], 표준전압 200V에 대해서는 202±20[V] 이내라고 규정하고 있다.

발전설비 설치자가 역조류를 발생시키는 것으로 상기 적정치를 벗어날 우려가 있는 경우에는 발전설비 설치자측에서 「진상(進相)무효전력 제어기능」과 「출력 제어기능」 등의 자동전압 조정장치를 설치해야 한다.

저압연계시의 자동전압 조정기능의 예를 **그림 3-4-7**에, 고압연계시의 자동전압 조정기능의 예를 **그림 3-4-8**에 나타냈다.

(2) 순시전압변동 대책

컴퓨터, OA 기기, 산업용 로봇 등은 정격전압의 10% 이상의 순시 전압 저하에서 영향을 받는 경우가 있기 때문에 발전설비의 계통투입, 분리시에 발생하는 순시전압저하를 10% 이내로 억제한다. 전압저하의 허용시간은 2초 정도까지이고, 이를 넘어 계속할 경우에는 상시전압변동으로 규정된 적정치의 대책을 적용할 필요가 있다.

전기기기 등의 순시전압 저하에 대한 내량을 **그림 3-4-9**에 나타냈다.

분산형 전원설비의 구체적인 대책방법으로는 아래와 같다.

- 동기발전기 : 자동동기 검정장치를 사용하여 동기 투입하는 것으로 돌입전류를 억제시킨다.
- 유도발전기 : 한류 리액터 설치와 보상용 콘덴서 설치, 소프트스타트 기능을 설치한다.
- 인버터를 사용한 연계 : 타여식 인버터의 경우에는 한류 리액터를 설치하고, 자여식 인버터의 경우에는 자동 동기 투입기능을 설치한다.

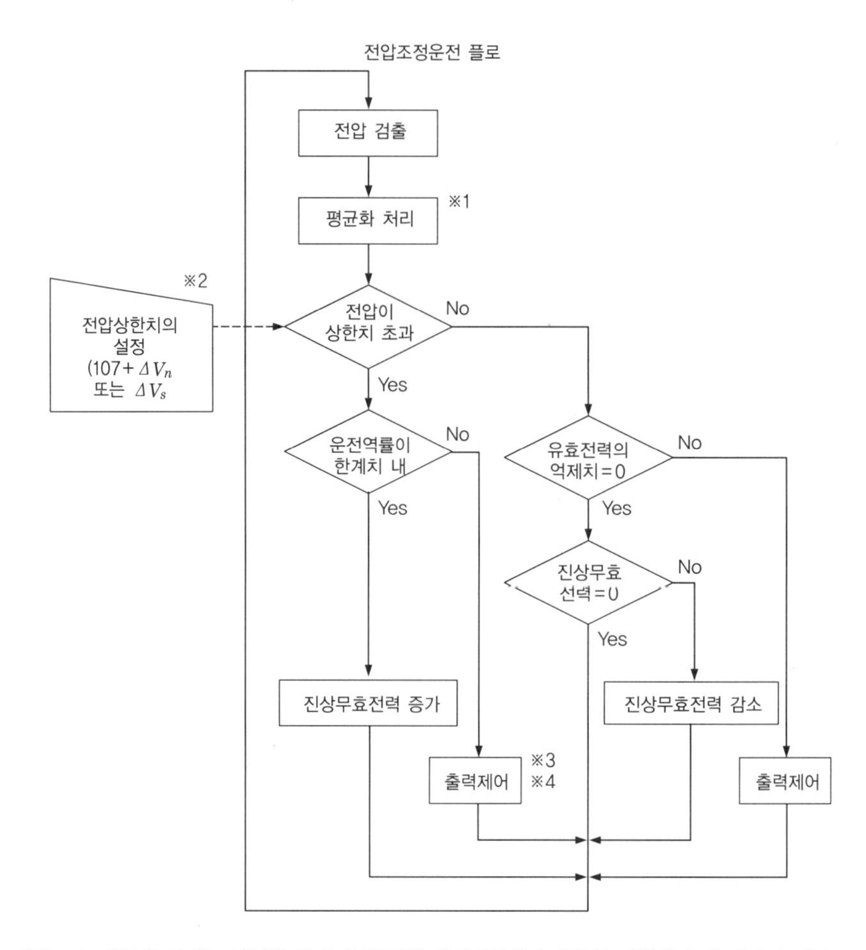

(주) ※1 : 평균화 처리는 과전압 릴레이(OVR)의 동작시한보다 충분히 지연시켜 둘 필요가 있고, 3초 정도 이상의 평균화 처리가 바람직하다.

※2 : 전압 상한치의 설정은 규제점에서 발전단까지의 전압 상승분을 고려하여 107.5~110V의 범위에서 설정할 수 있는 것이 바람직하다.
또, 설정은 적어도 0.5V마다 행할 것.
ΔV_n : 전압조정을 하지 않는 경우의 최대 역조류 시의 수전점에서 발전설비 간의 전압 상한치
ΔV_s : 전압조정을 하지 않는 경우의 최대 역조류 시의 인입주에서 발전설비 간의 전압 상한치

※3 : 여러 개의 수용가에 발전설비가 설치된 경우, 해당 발전설비에 따른 전압상승분에 대해서만 전압상승억제를 하면 괜찮고, 발전효율에 직접영향을 주는 출력제어에는 한계치 설정기능을 부가하는 것이 바람직하다.

※4 : 진상운전만으로 필요한 전압상승억제를 하는 경우에는 출력제어를 생략할 수 있다.

그림 3-4-7 저압연계시 자동전압 조정장치의 예
(출처 : 계통연계규정)

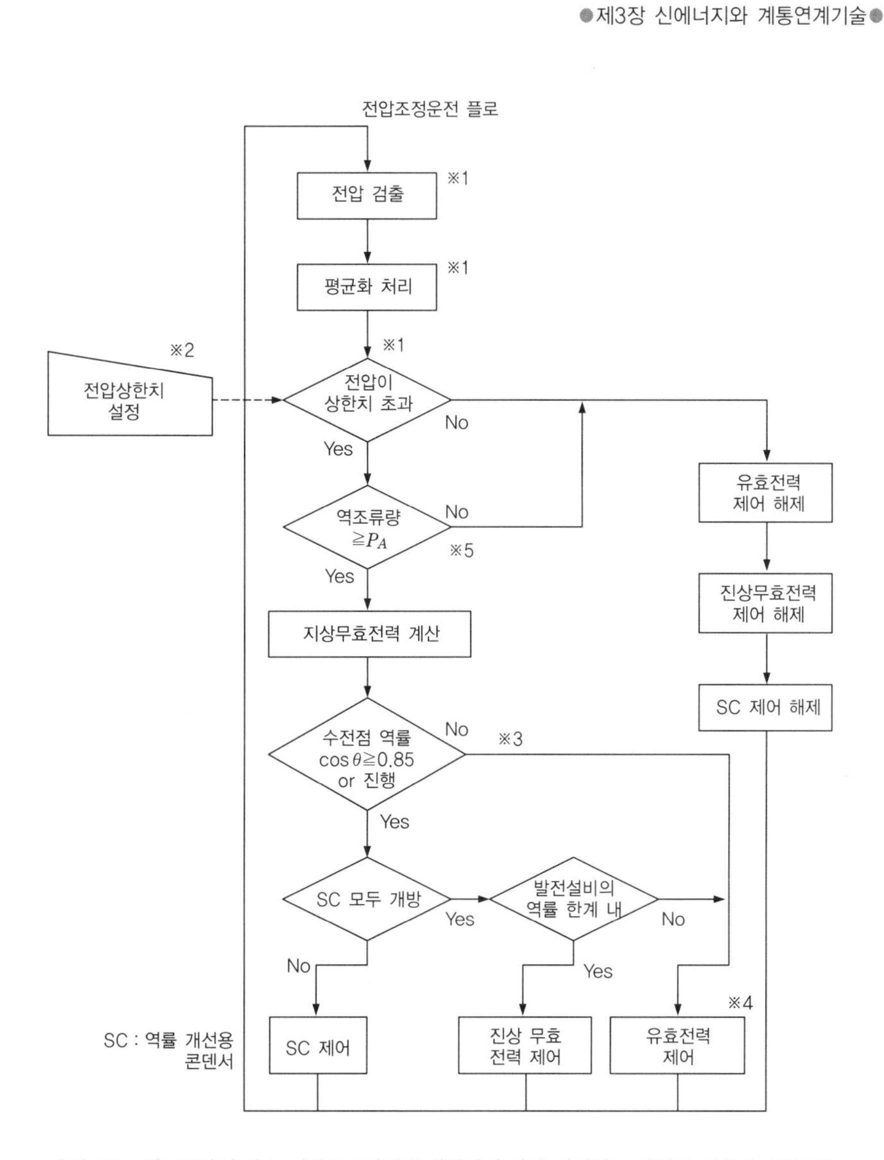

(주) ※1 : 역조류량에 맞는 진상무효전력을 설정함에 따라 연계하는 배전선 전체의 전압변동 대책이 가능한 경우에는 ※1의 전압 검출, 비교 플로는 생략할 수 있다.

※2 : 전압상한치는 개별협의에 따름.

※3 : 이 같은 케이스(계통에서 본 지연무효전력이 크고 또, 전압상승이 큰 경우)는 특수하기 때문에 개별 검토를 필요로 한다.

※4 : 진상운전만으로 필요한 전압상승 제어를 할 경우에는 출력제어를 생략할 수 있다.

※5 : P_A는 전력회사와의 개별협의에 따름

그림 3-4-8 고압연계시의 자동전압 조정기능의 예
(출처 : 계통연계규정)

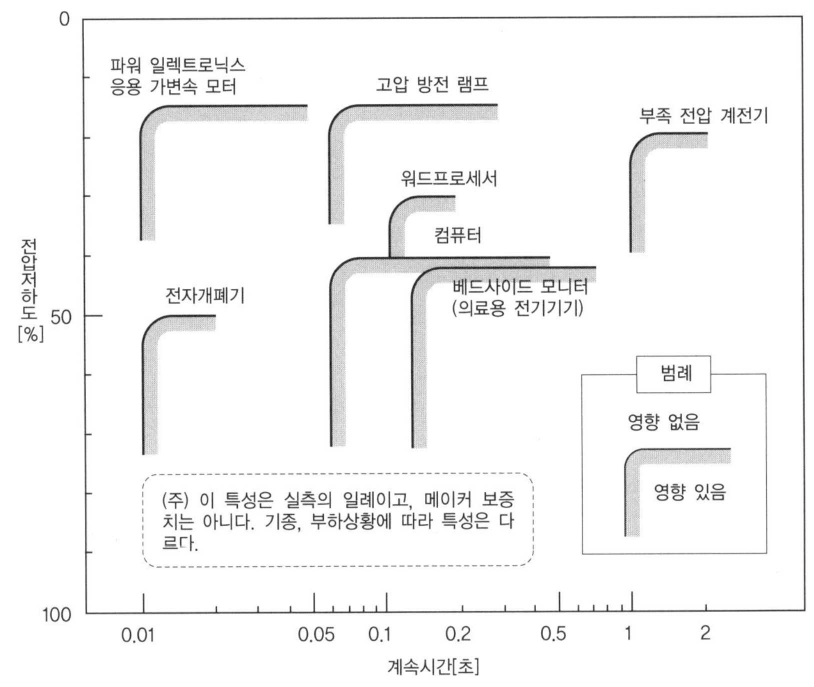

그림 3-4-9 전기기기 등의 순시전압저하에 대한 내량

(3) 전압 플리커

전압 플리커라는 것은 수 Hz에서 몇 분의 오더로 계통전압이 불규칙하게 변동하는 현상을 말한다.

발생 원인으로는 아크등 부하, 제철용 압연설비, 교류식 전기철도 등이 잘 알려져 있다. 이들은 무효분 전력이 단시간 또는 불규칙하게 변화하는 부하설비이지만 분산형 전원설비가 전압 플리커의 발생 원인이 되는 경우도 있다. 예를 들면, 풍력발전설비에서 풍속의 변화에 따라 계통 투입, 분리를 반복할 때의 돌입 전류, 풍속의 변화에 따른 출력변동 등이 발생하면 전압 플리커의 요인이 된다.

전압 플리커에 따른 영향으로는

- 전압변동에 기인하는 조명의 반짝거림, 텔레비전 화면의 동요 등
- 생산설비에서의 전동기 회전 수 변동, 제품의 품질저하 등

등이 있으므로 이들이 발생한 경우에는 발전설비 설치자가 대책을 세워야 한다.

또, 발전설비 설치자에게 대책이 어려운 경우에는 배전선의 증강 등, 계통 측

대책이 필요해지는 경우도 있다.

전압 플리커의 평가척도로는 ΔV_{10}(델타 브이 텐)(주)이라는 방법을 사용한다. 이는 전압의 불규칙한 진폭변화를 인간의 눈에 미치는 백열전구의 반짝거림감(시감도)으로 환산하여 평가하는 방법이다.

전압 플리커 대책의 예로는

- SVC(정지형 무효전력 보상장치)에 의한 무효전력 보상
- 사이리스터를 사용한 소프트스타트 채용
- 배전선의 굵기를 증가하여 계통 임피던스 저감

등을 들 수 있다.

주

ΔV_{10} : **전압 플리커** 인간의 눈은 10Hz 정도가 반짝거림을 가장 강하게 느끼고, 그 이상, 그 이하라도 정도는 낮아지므로 불규칙한 진폭변화를 10Hz 상당의 진폭변화로 환산한 수치이다. 플리커미터 등을 이용하여 계측한다.

4-6 고조파

고조파에 따라 상용계통의 전압이 변형되면 OA기기와 제조장치가 오작동하기도 하고 경우에 따라서는 전력용 콘덴서 등이 소손되기도 한다. 그 때문에 상용계통의 전압 변형률의 억제목표치는 고저압 배전계통에서 5%, 특별고압계통에서 3% 정도로 되어 있다(THD, Total Harmonic Distortion).

수요설비의 고조파 억제에 관해서는 경제산업성에 「고압 또는 특별고압으로 수전하는 수용가의 고조파 억제 대책 가이드라인」(1994년 10월, 6자공부 제379호)이 적용되고 또, 가전, 범용제품에 대해서는 JIS 규격(JIS C 61000-3-2 : 전자양립성 - 제 3-2부 : 한도치 - 고조파 전류발생 한도치)이 제정되어 있지만, 인버터를 사용한 분산형 발전설비에 관한 명확한 규정은 없다. 「계통연계규정」에서는 태양광발전설비 등에서 사용되는 파워 컨디셔너(인버터)에서의 고조파 유출 전류로는 총합 전류 변형률 5%, 각 차수별 전류 변형률 3% 이하로 하는 것이 바람직하다고 여기고 있다.

향후 태양광발전설비의 증가에 따라 상용계통의 고조파전류는 확실하게 증대하는 것으로 여겨진다. 이 때문에 그 대책기술의 방법과 발생원으로써의 적절한 고조파 억제 레벨에 대해서는 향후 검토해야 할 과제로 여기고 있다.

태양광·풍력발전과 계통연계기술

05 저압배전선과의 연계

5-1 기본적인 원칙

계통연계시에 필요한 보호기능의 기본적인 원칙은 아래와 같다.

(1) 발전설비 고장에 대해서는 이 영향을 연계계통으로 파급시키지 않기 위해 발전설비를 즉시 계통에서 분리할 것.

(2) 연계된 계통의 사고에 대해서는 신속하고 확실하게 계통에서 발전설비를 분리하여, 일반 수용가를 포함하는 어떤 부분계통에서도 단독 운전이 발생하지 않을 것. 또, 역충전 상태가 되었을 때는 이를 신속하고 확실하게 검출하여 계통부터 분리할 것.

(3) 연계된 계통사고시의 자동재폐로시에 발전설비가 확실하게 계통에서 분리되어 있을 것.

(4) 연계된 계통 이외의 사고시와 계통의 루프 교체 등에 따른 계통 측 순시전압 저하 등에 대해 발전설비를 분리하지 않고, 운전계속 또는 자동 복구할 수 있는 시스템일 것.

이상의 원칙을 토대로 여러 보호릴레이 장치를 설치해야 한다.

또, 구내설비의 사고를 상용계통으로 파급시키지 않기 위해서 필요한 보호릴레이 장치에 대해서는 분산형 발전설비 유무에 관련 없이 필요하다는 점으로부터 계통연계용 보호장치에서는 제외되고 있다.

5-2 필요한 보호릴레이의 종류와 역할

저압배전선으로의 분산형 전원의 연계에 대해서는 다음의 세 가지 형태를 인정하고 있다.

① 교류발전기(동기기, 유도기)의 역조류가 없는 경우의 연계

② 인버터를 이용한 역조류가 없는 경우의 연계

③ 인버터를 이용한 역조류가 있는 경우의 연계

각각에 대해서 필요시 되는 보호릴레이 장치가 규정되어 있으므로 이를 **표 3-5-1**에 나타냈다. 또, 여기에서 이용하고 있는 보호릴레이 장치의 기본적인 동작과 결선에 대해서 **표 3-5-2**에 정리하여 나타냈다.

표 3-5-1 발전기의 종류와 필요한 보호릴레이

<table>
<tr><th colspan="2" rowspan="2">발전기의 종류</th><th colspan="2">교류발전기</th><th colspan="2" rowspan="2">역변환장치</th></tr>
<tr><th>동기발전기</th><th>유도발전기</th></tr>
<tr><td colspan="2">역조류의 유무</td><td colspan="3">없음</td><td>있음</td></tr>
<tr><td rowspan="7">보호 목적</td><td rowspan="2">발전설비 고장시 계통보호</td><td colspan="4">OVR</td></tr>
<tr><td colspan="4">UVR①</td></tr>
<tr><td>계통 단락사고시 보호</td><td>DSR 또는 OCR 또는 UVR</td><td colspan="3">UVR ※
※ UVR ①과 공용 가능</td></tr>
<tr><td rowspan="3">단독 운전 방지</td><td colspan="3">RPR+UFR</td><td rowspan="2">〈단독 운전 국한화〉
OFR+UFR</td></tr>
<tr><td colspan="2" rowspan="2">〈역충전 검출 기능〉
UPR+UVR ※
※UVR ①과 공용 가능</td><td rowspan="2">〈역충전 검출 기능〉
왼쪽과 동일하거나 단독 운전 검출 기능 (능동+수동)</td></tr>
<tr><td>단독 운전 검출 기능 (능동+수동)</td></tr>
<tr><td>고저압 혼촉 보호</td><td colspan="4">단독 운전 검출 기능(수동방식 등)에 기대함</td></tr>
</table>

표 3-5-2 보호릴레이의 기본동작과 입력전기량

릴레이 명칭(약호)	기본동작	입력전기량 예	정정항목
과전압 릴레이 (OVR)	전압의 크기가 일정치 이상일 때에 동작함.	V_{ab}	전압[V]
부족 전압 릴레이 (UVR)	전압의 크기가 일정치 이하일 때에 동작함.	V_{ab}	전압[V]
단락방향 릴레이 (DSR)	전류방향이 일정 범위 또는 일정치 이상이 되었을 때에 동작함(상전류 벡터의 크기와 위상을 선간 전압 벡터를 기준으로 하여 판단).	I_a V_{bc}	전류[A]
과전류 릴레이(OCR)	전류의 크기가 일정치 이상일 때에 동작함.	I_a	전류[A]
역전력 릴레이 (RPR)	전력조류가 역방향 또는 일정치 이상이 되었을 때에 동작함(상전류 벡터의 크기와 위상을 선간전압 벡터를 기준으로 하여 판단).	I_a V_{bc}	전류[A]
부족전력 릴레이 (UPR)	전력조류가 일정치 이하가 되었을 때에 동작함(상전류 벡터의 크기와 위상을 선간전압 벡터를 기준으로 하여 판단).	I_a V_{bc}	전류[A]
주파수 상승 릴레이(OFR)	주파수가 일정치 이상이 되었을 때에 동작함.	V_{ab}	주파수[Hz]
주파수 저하 릴레이(UFR)	주파수가 일정치 이하가 되었을 때에 동작함.	V_{ab}	주파수[Hz]

〈각종 릴레이의 결선예 : 3상 3선식인 경우〉

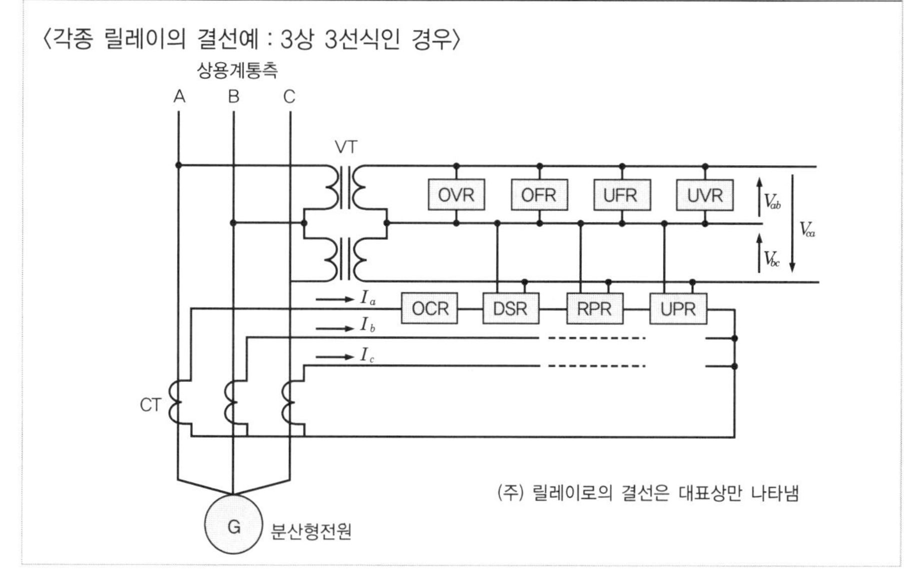

05 저압배전선과의 연계

● 태양광발전시스템용 계통연계 보호장치 인증

일반가정에 설치된 발전설비로는 일반용 전기공작물이 되는 소출력 발전설비로써 출력 10kW 미만인 태양광발전설비와 가정용 코제너레이션 시스템(연료전지 발전설비, 소형 가스엔진을 이용한 발전설비)이 있다. 태양광발전설비는 역변환장치를 이용한 역조류가 있는 경우의 연계에 해당하는 것이 대부분이고, 가정용 코제너레이션 시스템의 경우에는 연료전지에 따른 발전방식도 소형 가스엔진을 이용하는 발전방식도 역변환장치를 이용한 역조류 없음 연계가 대부분이다.

이들 소형 분산형 발전설비(출력 10kW 미만)에 관한 보호장치에 대해서는 (재)전기안전 환경연구소(JET : Japan Electrical Safety & Technical Laboratorieis)에서 가이드라인, 전기설비 기술기준, 해석 및 전기용품의 기술기준을 토대로 한 인증을 하는 제도가 있다. 또, 고체고분자형 연료전지 시스템에 대해서는 (재)일본가스기기검사협회(JIA : Japan Gas Applications Inspection Association)가 연료전지 본체와 계통연계 보호장치를 일체로 인정하고 있는 제도가 있다. 이 인증, 인정을 받은 장치를 사용하는 것으로 전력회사와의 사전 협의를 원활하게 할 수 있다.

이들 보호장치에 대해서는 장치 비용 다운과 설치작업의 간편화를 도모하기 위해, 태양광발전설비용 파워 컨디셔너와 가스 코제너레이션 패키지 등에 내장된 형태를 취하고 있다.

* http://www.jet.or.jp/products/protection/index.html#1
* http://www.jia-page.or.jp/jia/certification/fc.html

태양전지 발전시스템용

고체고분자형 연료전지 시스템용

인증 라벨의 예

(1) 발전설비 고장시의 계통보호

연계계통과 구내에 사고가 없는 상태에서 발전설비가 고장이 나면 전압을 유지할 수 없게 된다고 여겨지기 때문에 발전설비 고장시의 계통보호를 목적으로 과전압 릴레이(OVR) 및 부족 전압 릴레이(UVR)를 설치한다. 단, 발전설비 자체의 보호장치에 따라 검출, 보호할 수 있는 경우에는 이들을 생략할 수 있다. 표준적인 정정치를 **표 3-5-3**에 나타냈다. 아울러 각 릴레이의 동작범위를 **그림 3-5-1**에 나타냈다.

(2) 계통 단락사고시의 보호

연계계통(저압)의 단락시에는 이를 검출하여 분산형 전원을 분리할 필요가 있다.

표 3-5-3 발전설비 고장시의 계통보호용 OVR, UVR의 표준 정정치
(역변환장치, 교류발전설비)

	검출레벨	검출시한	사고방식
OVR	정격전압의 115%	1초	• 단독 운전시의 전압 상승에 대한 보호도 겸한다. • 순시적인 전압상승으로 인한 동작은 피한다.
UVR	정격전압의 80%	1초	• 연계계통의 단락사고시의 전압저하에 대한 보호도 겸한다. • 단독 운전시의 전압저하에 대한 보호도 겸한다. • 계통 요란(擾亂)과 부하기기의 기동전류에 따른 동작은 피한다.

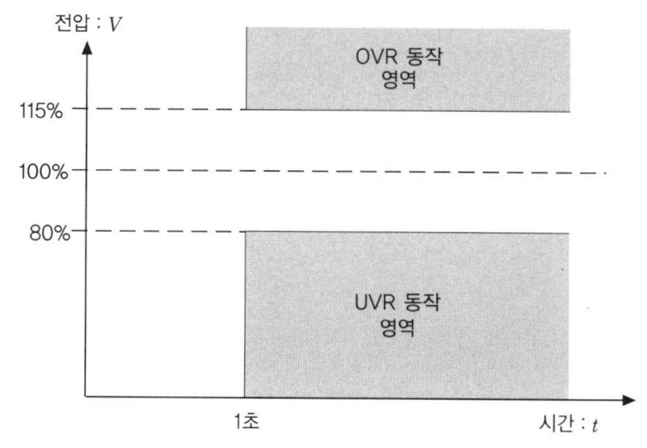

그림 3-5-1 OVR과 UVR의 동작 범위

동기발전기의 경우에는 계통 단락사고시에 발전기로부터 유출되는 단락전류를 검출하기 위해 DSR(단락 방향 릴레이)이 기본으로 사용되지만 OCR(과전류 릴레이), UVR에서도 검출할 수 있는 경우에는 이것으로 대체 가능하다. 유도발전기의 경우에는 계통단락시에 사고전류를 계속하여 흐르지 않게 하기 위해서, 또 인버터를 이용한 계통연계에서는 전류제어기능과 과전류 보호기능의 순시 동작에 의해 전류 억제되고, 연계점 전압의 저하가 발생하지 않도록 UVR에서 저전압을 검출하여 보호한다. 또, UVR에 대해서는 발전기 고장시의 계통보호용 UVR과의 공용이 가능하지만 검출시간에 대해서는 계통단락시의 보호가 우선시된다.

동기발전기를 계통연계할 때에 필요한 계통단락 사고시의 보호릴레이 종류와 표준정정치를 **표 3-5-4**에 나타냈다.

(3) 고저압 혼촉사고(고압계통지락) 보호

「계통연계규정」의 설명에서는 「연계계통의 고저압 혼촉사고시에 이를 간접적으로 검출하고, 사고발생 후 전기설비 기술기준 해석 제 19조에 규정된 시간 이내에 차단한다」고 되어 있다.

고저압 혼촉 시의 사고 양상을 **그림 3-5-2**에서 설명한다.

예를 들면, 주상변압기에서 혼촉 사고가 발생하면 배전용 변전소의 지락 릴레

표 3-5-4 계통 단락보호용 릴레이의 표준 정정치
(동기발전기의 경우)

릴레이 종별	검출 레벨	검출시한	고려사항
DSR	개별 검토	순시	검출시간을 고려하면 단락전류를 계산하는 데는 초기 과도 리액턴스를 사용하는 것이 바람직하다.
OCR	「저압전로에 규정된 자동차단기」로 보호		
UVR	80%	순시	상위계 등의 순시전압저하에 따른 불필요 동작을 피하기 위해 0.3초 정도의 시한을 고려한다.

(주) (1) 상기의 어느 쪽 한 가지의 릴레이를 적용해도 괜찮다.
(2) DSR과 OCR의 차이
DSR은 전압을 기준으로 흐르는 전류의 방향을 검출할 수 있는 릴레이이다. 계통단락사고시에 동기발전기에서 계통으로 단락전류가 유출하지만, 단락전류가 비교적 적고 상시부하전류와 크기만으로는 구별할 수 없는 경우에는 OCR 적용은 할 수 없고, 전류의 방향을 판별 가능한 DSR이 필요해진다(자세한 것은 「6. 고압배전선과의 연계」에서 설명한다).

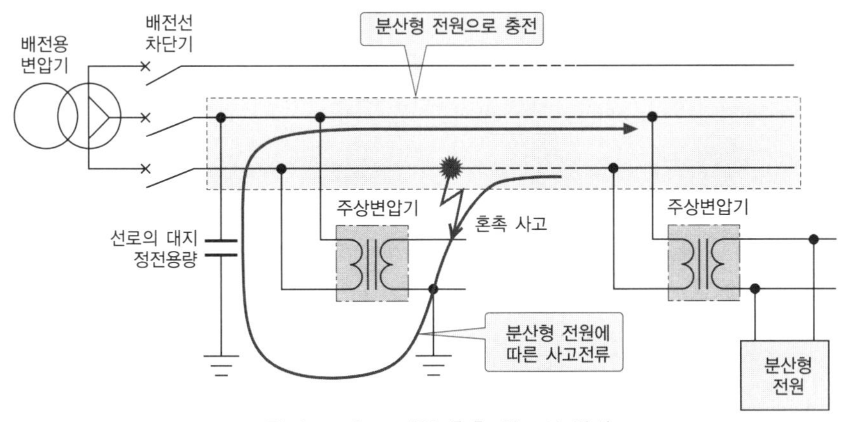

그림 3-5-2 고저압 혼촉 사고의 양상

이가 동작하여 배전선 차단기가 개방되지만, 분산형 전원이 동일 배전선에 존재하면 사고가 계속된다. 이는 저압연계의 분산형 전원측에서 보면 연계계통의 고압 측 계통(상위 계통)에서의 지락사고에 대한 대책이 필요해지는 것을 의미한다. 하지만 이 같은 고저압 혼촉사고를 저압연계의 분산형 전원설치점에서 직접 검출하기는 어렵고, 단독 운전 검출 기능과 역충전 검출 기능 등에 의해 분산형 전원을 분리할 필요가 있다.

이때 유의해야 할 점이 전기해석 제 19조에 규정된 시간이다.

저압전로의 전위상승의 정도에 따라 차단시간이 규정되어 있고, 구체적으로는 「변압기의 1차 측 전압이 35kV 이하일 경우에 한해, 그 전로를 1초 이내에 차단하는 경우에는 600V까지, 1초를 넘어 2초 이내에 차단하는 경우는 300V까지 상승해도 괜찮다」고 되어 있다. 전위상승 값은 주상변압기의 접지저항과 분산형 전원 용량에 관계되며, 시간에 대해서는 배전용 변전소의 지락 릴레이의 동작시간과 관계되므로 개별로 전력회사와의 협의가 필요하다.

5-3 단독 운전 방지

분산형 전원설비를 계통연계할 때에는 상위 계통사고, 작업 등에 따른 계통개방을 한 경우에 단독 운전을 확실하게 방지해야 한다(단독 운전 방지의 필요성에 대해서는 「4-2 계통연계와 단독 운전 방지」를 참조).

단독 운전 방지(Anti-islanding) 대책은 분산형 전원에서의 역조류의 유무에 따라 달라진다.

(1) 역조류가 있는 경우의 단독 운전 검출 방식

저압배전선으로 역조류가 있는 경우에 연계하는 발전설비에 대해서는 인버터를 이용한 발전설비로 한정되어 있다.

계통이 개방되어 단독 운전 상태가 된 경우, 단독 운전 계통 내에서 발전출력과 부하의 평형상태가 크게 무너져 있으면 전압과 주파수에 변동이 나타나기 때문에 과전압 릴레이(OVR), 부족 전압 릴레이(UVR)와 주파수 상승 릴레이(OFR), 주파수 저하 릴레이(UFR)로 검출하고, 발전설비를 분리할 수 있지만 발전출력과 부하가 대체로 평형하고 있는 경우에는 이들 릴레이에 의존할 수 없다. 따라서 이 같은 평형상태에서도 확실하게 기능할 수 있는 단독 운전 방지 방식이 필요하다.

현재, 여러 종의 단독 운전 검출 기능이 개발되고 있지만 어떤 방식이든 득실이 있고, 한 가지 방식으로 모든 조건을 만족하는 것은 없다. 각 방식의 결점을

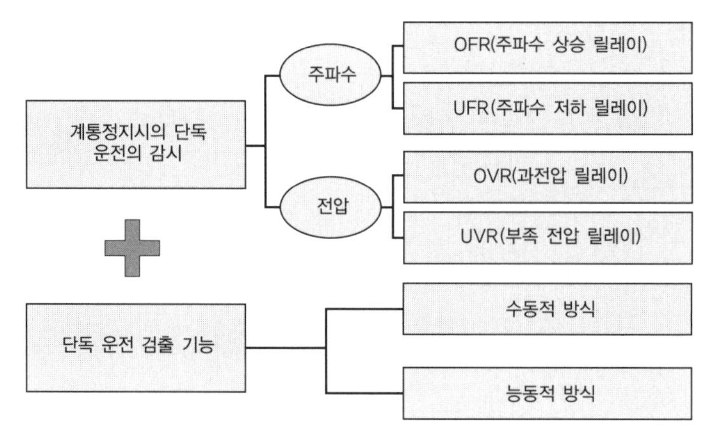

그림 3-5-3 인버터를 이용한 발전설비의 단독 운전 방지 기능

상호 보완할 수 있도록 수동적 방식과 능동적 방식을 각각 한 가지 이상 조합해서 적용하고 있다. 또, 단독 운전 검출 기술은 아직 연구 중에 있는 기술이고, 현재 방식의 개선과 새로운 방식 개발을 바라고 있다.

그림 3-5-3은 인버터를 이용한 발전설비의 단독 운전 방지 사고방식을 나타낸 것이다.

(2) 기존 릴레이에 의한 단독운전 감시

기존에 사용되어 오던 단순한 릴레이에 의해 가능한 범위에서 단독 운전을 방지하는 것을 목적으로, 주파수의 변화를 검출하는 OFR과 UFR을 설치하는 방법이다. 또, 단독 운전 상태가 되었을 때에는 전압의 변화도 발생하므로 OVR, UVR로 검출할 수 있는 경우도 있다. 일반적으로 OVR, UVR은 발전설비 고장 시의 계통보호용 릴레이와 공용으로 사용한다.

단독 운전 감시를 위한 주파수 릴레이의 표준정정치를 표 3-5-6에 나타냈다. 아울러 이러한 감시용 릴레이의 동작원리 및 OVR, UVR의 동작범위에 대해서도 표 3-5-5 및 그림 3-5-4에 나타냈다.

(3) 단독 운전 검출 기능

(a) 수동적 방식

단독 운전 상태가 되었을 때의 전압 위상과 주파수 등의 급변을 검출하는 방식이고, 일반적으로 고속성에 뛰어나지만 불감대 영역이 있는 점과 급격한 부하 변동 등에 따른 불필요한 동작을 막을 필요가 있다.

표 3-5-5 단독 운전 감시용 릴레이 동작원리

단독 운전 계통 내의 전력 균형 상태		전압 변화 (검출 릴레이)	주파수 변화 (검출 릴레이)
유효전력	무효전력		
발전>부하	발전 ≒ 부하	상승 (OVR)	상승 (OFR)
발전 ≒ 부하	계통에서 보아 지연	저하 (UVR)	상승 (OFR)
	계통에서 보아 진행	상승 (OVR)	저하 (UFR)
발전<부하	발전 ≒ 부하	저하 (UVR)	저하 (UFR)

표 3-5-6 단독 운전 감시를 위한 주파수 릴레이의 표준 정정치 (역변환장치의 경우)

릴레이 종별	검출 레벨	검출 시한	고려사항
OFR	정격주파수의 +2% 51.0Hz/61.2Hz	1초	• 단독 운전에 따른 주파수 상승을 검출한다. • 과도적인 주파수 상승에서는 동작하지 않는다.
UFR	정격주파수의 -3% 48.5Hz/ 58.2Hz	1초	• 단독 운전에 따른 주파수 저하를 검출한다. • 과도적인 주파수 저하에서는 동작하지 않는다.

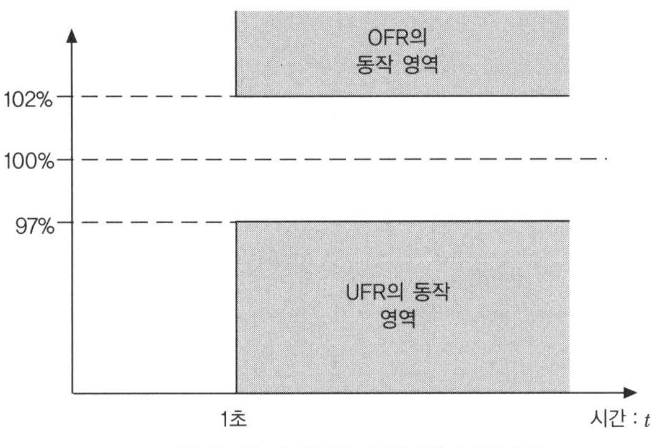

그림 3-5-4 OFR, UFR의 동작범위

① 전압 위상 도약 검출방식(그림 3-5-5)

단독 운전 이행시에 발전출력과 부하의 불평형이 있으면 전압위상이 급변하므로 이를 검출한다. 단독 운전 감시를 위한 릴레이(OFR, UFR 등)로 검출감도를 높일 수 있지만, 단독계통 내에서 유효전력도, 무효전력도 평형한 경우에는 검출할 수 없다.

② 3차 고조파 전압 변형 급증 검출방식(그림 3-5-6)

전류제어형 인버터를 사용하여 단독 운전 이행시에 변압기의 여자특성에 의존하는 3차 고조파 전압의 급증을 검출하는 방식이다.

이 방식은 발전출력과 부하의 평형도에 의존하지 않는다는 이점이 있다. 결점으로써는 전압 제어형 인버터에는 적용할 수 없다. 또, 3상 회로에서는 3차 고조파 전압이 상쇄되기 때문에 이를 적용할 수 없는(특히, 3상 부하가 평형한 경우) 경우를 들 수 있다.

③ 주파수 변화율 검출방식(그림 3-5-7)

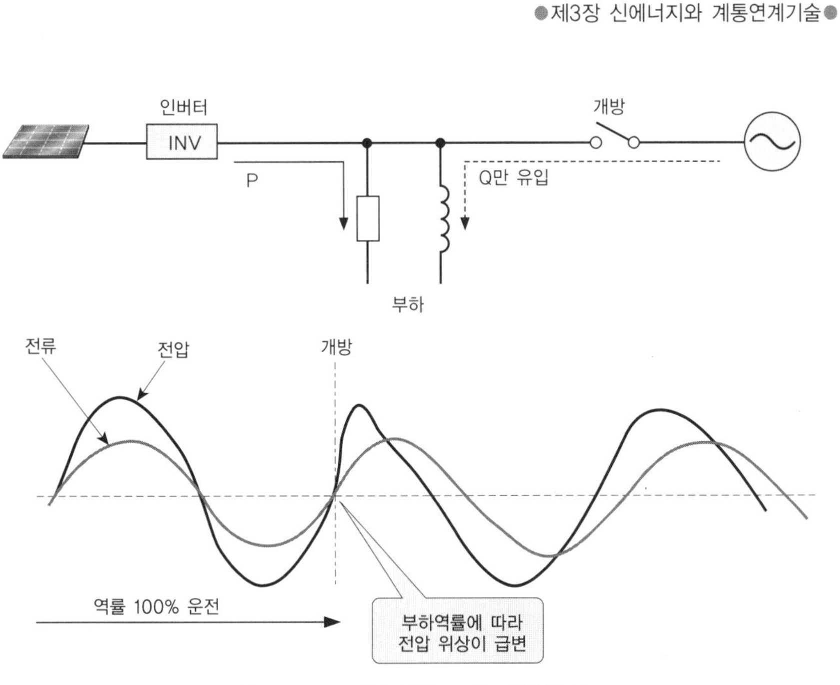

그림 3-5-5 전압 위상 도약 검출방식

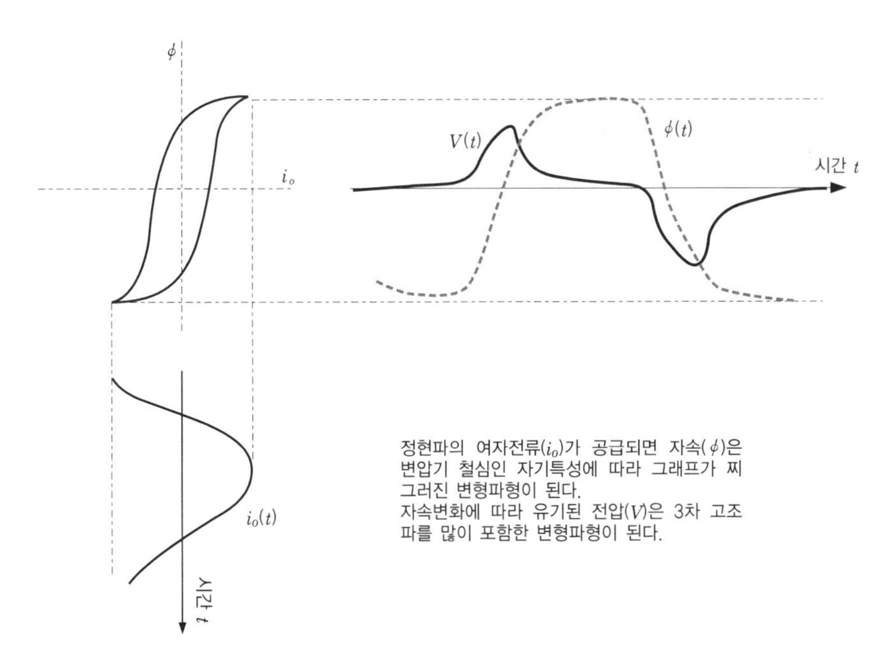

그림 3-5-6 3차 고조파 전압 변형 급증 검출방식

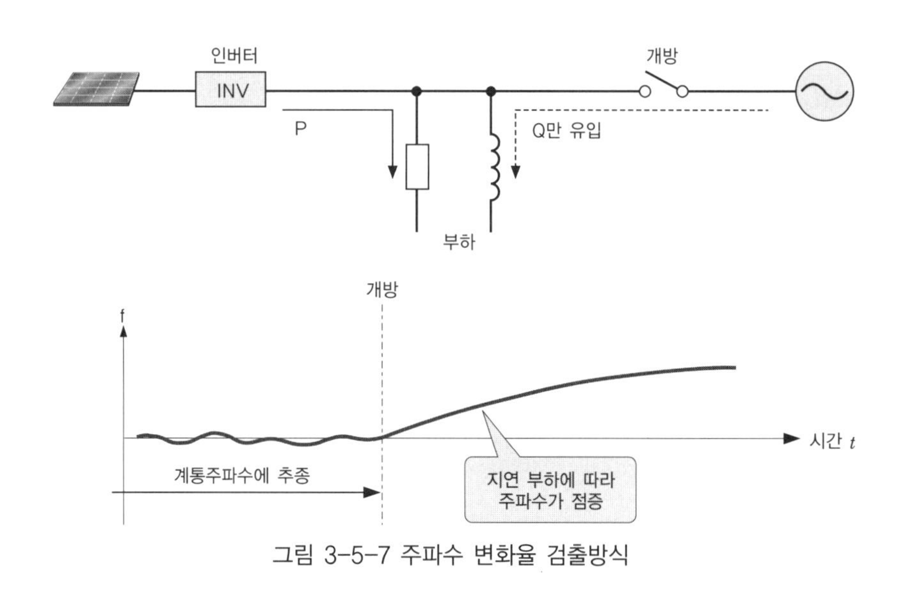

그림 3-5-7 주파수 변화율 검출방식

단독 운전 이행시에 발전출력과 부하의 불평형이 있다면 주파수가 변화하므로 이를 검출한다. 단독계통 내에 코제너레이션 시스템 등의 관성을 가진 대용량 전원이 연계되어 있으면 검출성능이 저하한다.

(b) 능동적 방식

인버터의 제어계에 주기적인 변동신호를 주거나, 외부에 저항 등을 주기적으로 삽입하는 등의 수단으로 전압과 주파수에 미소변화를 발생시켜 두고, 단독 운전 시에 현저해지는 전압과 주파수의 변동을 검출하는 방식이다. 변동신호 주기와 부하변동 주기에 동기한 전압변동과 주파수 변동의 크기를 검출하는 등의 방법으로 검출성능을 높이고 있다.

이 방식의 결점으로는 일반적으로 검출시간이 걸리는 것, 동일 계통 내에 복수의 분산형 전원이 연계되어 주입된 신호가 상호 간섭을 일으키는 경우에 검출성능이 저하하는 등이 있다.

① 주파수 시프트 방식(그림 3-5-8)

인버터의 내부 주파수 발생회로에 바이어스를 주고, 단독 운전 이행 시에 나타나는 주파수변화를 검출하는 방식이다.

동일 방식을 채용하는 발전설비가 동일 계통에 연계되어 있는 경우, 발전설비의 주파수 시프트의 방향을 맞출 필요가 있다. 주파수 바이어스가 너무 크면 동

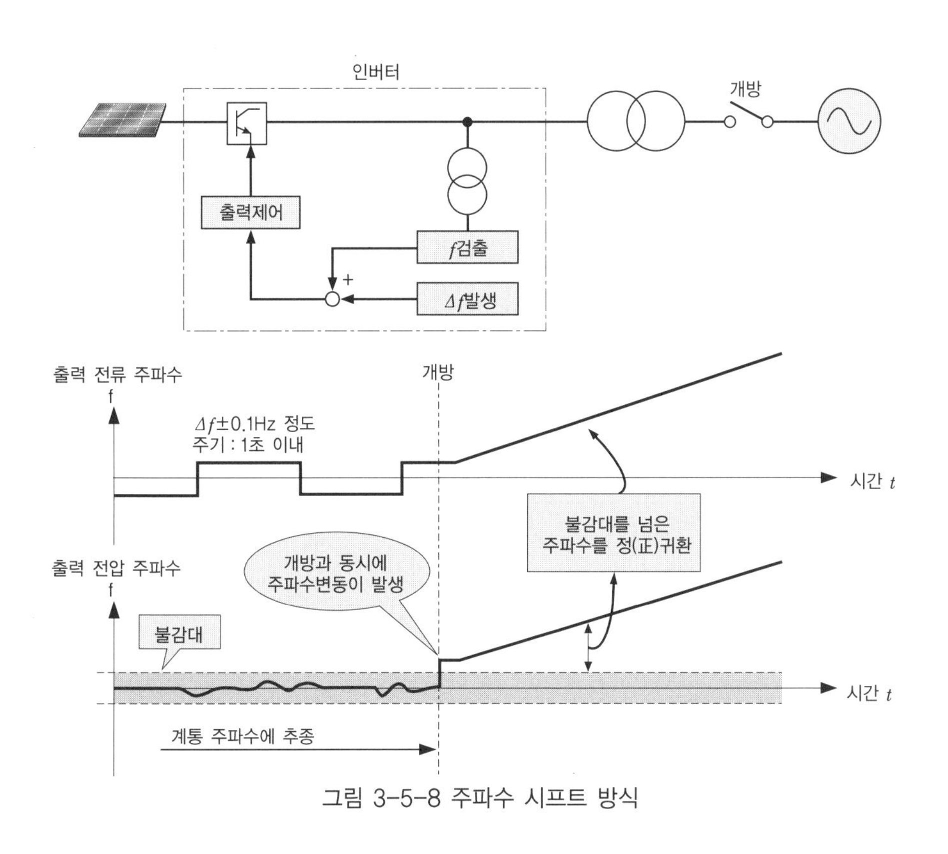

그림 3-5-8 주파수 시프트 방식

기가 불안정해 지는 등 운전 역률이 악화될 우려가 있기 때문에 상시에는 미소한 주파수 변동으로 하고, 변동분 검출시에는 이를 정(正)귀환시켜 주파수 시프트를 일정방향으로 증대하는 방법이 유효하다.

② 슬립 모드 주파수 시프트 방식(**그림 3-5-9**)

정격주파수에서 벗어난 주파수 변화에 의해 출력전류 위상이 회전하는 특성을 가지는 것에 착안하여 유효전력, 무효전력 평형시에도 발생하는 미소한 주파수 변화를 정귀환하여 주파수 이상으로 검출하는 방식이다.

그림 3-5-2와 같이 단독 운전 이행시에 단독계통 내의 주파수가 발전설비의 주파수 특성과 부하 특성으로 결정되는 주파수로 상승(f_H) 또는 하강(f_L)하는 성질을 이용한 것이다

계통연계시에는 계통주파수에 추종하여 위상이 미소 변화하지만 그 변화에 주기성이 없는 점으로부터 다른 능동방식과의 간섭은 적다. 또, 단독 운전 후에는 f_L 또는 f_H까지 정귀환에 따라 발산하므로 다른 능동방식의 영향도 없다고 여겨

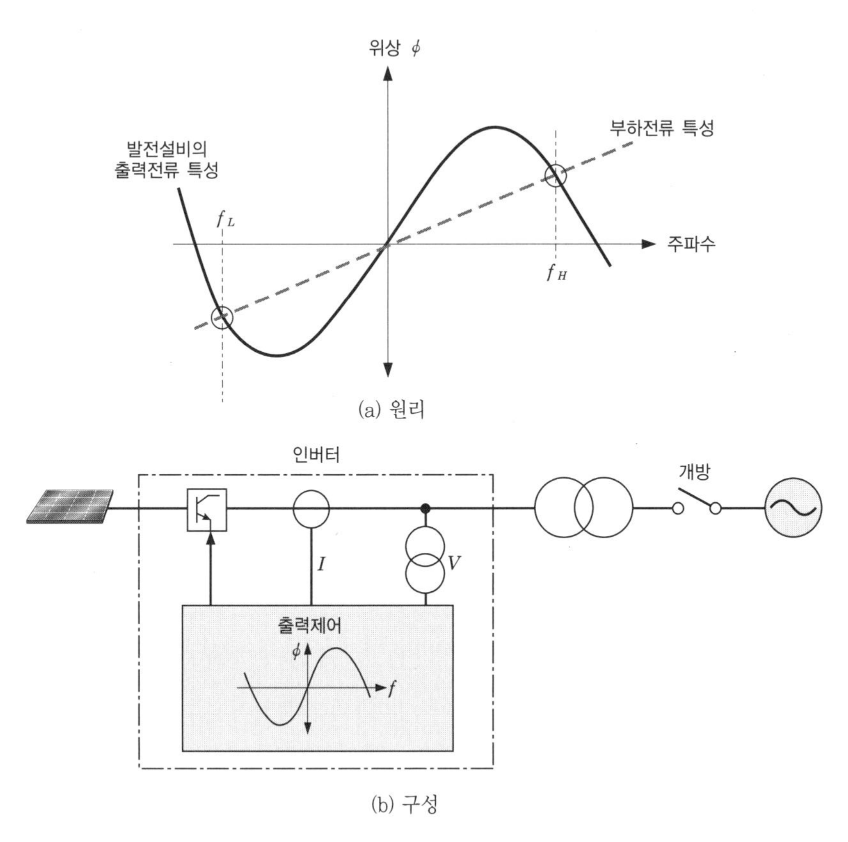

그림 3-5-9 슬립모드 주파수 시프트 방식

진다. 또, 동일 계통 내에 본 방식을 채용하는 분산형 전원이 있는 경우에는 인버터의 위상시프트 특성을 통일하면 복수대 연계 시에서도 성능저하는 없다.

③ 유효전력 변동 방식(무효전력 변동 방식)(그림 3-5-10)

인버터의 출력에 주기적인 유효(무효)전력 변동을 주고, 단독 운전 이행시에 나타나는 주기적인 전압변동, 전류변동 또는 주파수변동을 검출하는 방식이다.

동일 방식을 채용하는 발전설비가 동일 계통에 연계되고 있는 경우, 유효(무효)전력 변동의 주기와 위상을 맞출 필요가 있다. 상시에는 유효(무효)전력 변동을 아주 적게 하고 변동분 검출 시에는 이를 정귀환시켜 변동 진폭을 증대하는 방법이 유효하다.

④ 부하변동방식(그림 3-5-11)

인버터의 병렬 임피던스를 순간적 또는 주기적으로 삽입하고, 전압변동과 전

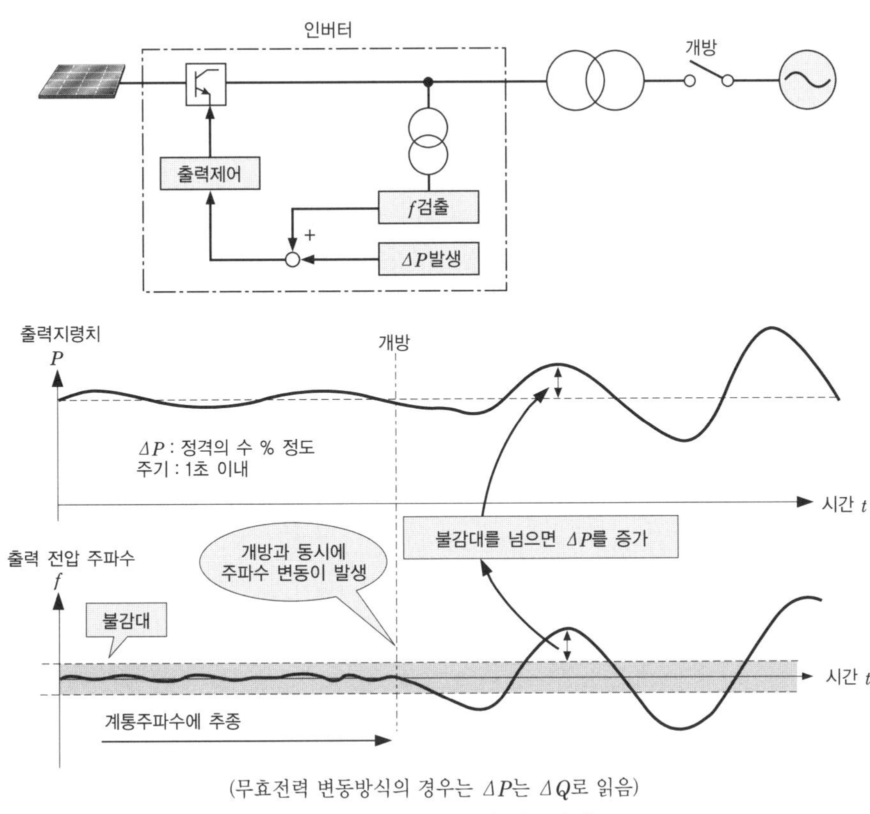

(무효전력 변동방식의 경우는 ΔP는 ΔQ로 읽음)

그림 3-5-10 유효전력 변동방식

류의 급변을 검출하는 방식이다. 본 방식은 인버터의 제어기능과는 독립되어 있으므로 회전기계 방식의 분산형 전원 연계에서도 채용 가능하다.

동일 방식을 채용하는 발전설비가 동일계통에 연계되어 있는 경우, 각각이 다른 상(相)에 임피던스를 삽입하는 등, 상호 간섭에 유의해야 한다.

(c) 검출 기준 등의 정정 예

단독 운전 검출기능의 표준적인 정정 예를 표 3-5-7과 표 3-5-8에 나타냈다. 수동적 방식에서 유지시한이 설정되어 있고, 수동적 방식을 일단 검출하면 게이트 블록 등을 계속하고 발전설비를 재기동하지 않는 것을 의미한다.

이는 계통정지 시에 인버터를 정지시킴에 따라 전압, 주파수에 이상을 발생시키고, 단독 운전 감시를 위한 릴레이(주로 UFR, UVR)로 검출하고, 분리점을

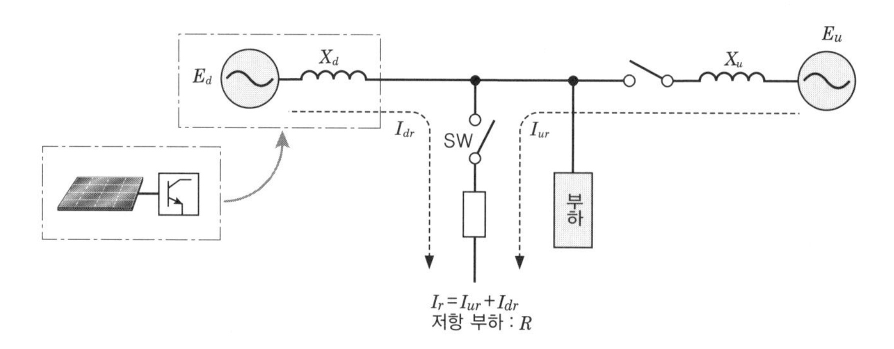

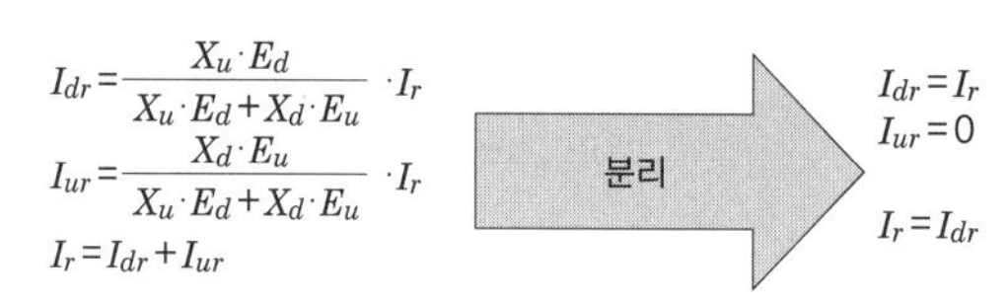

I_{dr}, I_{ur}을 단독으로 계측할 수는 없으므로 SW 투입 전후의 전류변화 등으로 계통분리를 검출하는 방식을 취하고 있다. 또, SW의 투입시간은 1Hz 이하를 장려하고 있다.

그림 3-5-11 부하변동방식

표 3-5-7 수동적 방식의 정정 예

방식	검출기준	검출시한	유지시한
전압 위상 도약 검출	위상변화 : ±3~±10°	0.5초 이내	5~10초
3차 고조파 전압 변형 급증 검출	3차 고조파 변화 : +1~+3%	0.5초 이내	5~10초
주파수 변화 검출	주파수 변화 : ±0.1~±0.3%	0.5초 이내	5~10초

차단하기 위해서이다.

단독 운전 상태가 발생해서부터 단독 운전 방지 대책의 기본 시퀀스를 그림 3-5-12에 나타냈다. 수동적 방식과 능동적 방식은 상호보완적이므로 두가지 방법을 합쳐서 확실한 단독 운전 방지의 실현을 도모하고 있다.

(4) 역조류가 없는 경우의 단독 운전 검출 방식

역조류가 없는 경우의 조건에서 연계하는 발전설비에 있어서는 단독 운전 상태에서 다른 수용가로 출력을 공급하는 상태가 발생한 경우에는 이 조류를 역전력 릴레이(RPR)에 따라 검출하면 된다. 하지만 단독 운전상태의 특수한 상태인

표 3-5-8 능동적 방식의 정정 예

방식	변동폭	검출요소	분리시한
주파수 시프트	주파수 바이어스 : 정격주파수의 수 %	주파수 이상	0.5초 이상 1초 이내
슬립모드 주파수 시프트	-	주파수 이상	0.5초 이상 1초 이내
유효전력변동	유효전력 : 운전출력의 수 %	전압, 전류, 주파수 등의 주기변동분	0.5초 이상 1초 이내
무효전력변동	무효전력 : 정격출력의 수 %	전류, 주파수 등의 주기변동분	0.5초 이상 1초 이내
부하변동	삽입저항 : 정격출력의 수 % 삽입시간 : 1Hz 이하	전압 및 부하로의 유입전류 변동분	0.5초 이상 1초 이내

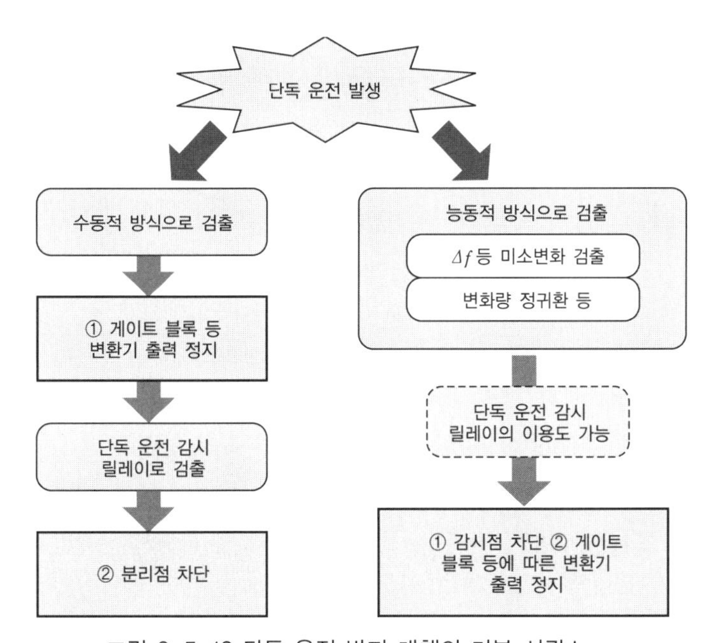

그림 3-5-12 단독 운전 방지 대책의 기본 시퀀스

역충전상태(인입선만이 충전되어 있는 케이스)에 대해서는 RPR에서는 검출이 어렵다.

따라서 역충전 검출기능 또는 단독 운전 검출기능(수동방식+능동방식) (인버터를 이용한 연계의 경우)에 따라 이를 검출하여 발전설비를 분리한다.

단, 동일계통 내에 역조류가 있는 경우에 연계를 하는 발전설비 설치자가 혼재하고, 이들과 함께 단독계통이 된 경우에는 역조류가 있는 경우로 연계한 발전설비가 단독 운전 방지기능 등에 따라 분리될 때까지는 역조류가 없는 경우에 연계한 측에서는 검출할 수 없는 경우도 있다.

따라서 역조류가 없는 연계의 경우라도 역조류가 있는 경우와 동등한 계통연계용 보호장치를 설치하는 것이 단독 운전의 조기제거와 연계보호기능의 독립성의 관점으로부터 바람직하다고 생각된다.

또, 교류발전설비의 경우에는 발전장치가 관성력을 가지는 점, 단독 운전상태가 된 경우에서도 주파수와 전압이 평형을 유지할 가능성이 높은 점 등 및 역조류가 있는 경우의 연계 시의 단독 운전 검출방식 기술이 확립되어 있지 않은 점 때문에 교류발전설비를 저압배전선에 연계하는 경우에는 원칙으로써 역조류가 없는 경우로 여겨지고 있다.

(a) 계통정지 시의 단독 운전 방지 대책

단독 운전 상태를 고속 또는 확실하게 검출하여 발전설비를 분리하기 위해 역전력 릴레이(RPR)와 주파수 저하 릴레이(UFR)를 설치한다.

① 역전력 릴레이(RPR)

발전설비에서 계통으로 전력이 유출되는 것을 검출하여 발전설비를 분리한다. 단, 아래의 경우에는 본 릴레이를 생략할 수 있다.

- 인버터를 이용한 연계 또는 발전설비 출력용량이 계약전력에 비해 극히 적은 경우
- 일시적인 역조류가 발생했다 하더라도 계통전압에 미치는 영향이 없도록 계통전압을 적정하게 유지하는 대책을 도모하는 경우(역조류가 있는 경우의 연계와 동등한 단독 운전 검출 등의 방책을 취한 경우에 상당)
- 교류발전설비를 연계한 경우이고 고저압선의 혼촉 시의 보호로써 단독 운전 검출기능(수동적 방식)을 설치한 경우로, 부족 전력 릴레이(UPR)에 따라 (구내 부하)>(발전출력)을 유지하는 것으로 단독 운전 검출이 가능한 경우

표 3-5-9에 역전력 릴레이(RPR)의 표준정정치를, **그림 3-5-13**에 역전력 릴레이의 특성을 나타냈다.

② 주파수 저하 릴레이(UFR)

역조류가 없고 또, 단독 운전 계통 내에 역조류 방식의 발전설비가 없는 경우에는 (계통 내 발전설비 출력)<(계통 내 부하)의 관계가 되고, 분리 장소의 주파

표 3-5-9 역전력 릴레이(RPR)의 표준 정정치
(역변환장치, 교류발전설비)

	검출 레벨	검출시한	고려사항
RPR	역변환장치 정격출력 (교류발전 설비출력) 의 5% 정도	0.5초	• 역조류를 아주 고감도에서 검출한다. • 계통전압의 외란과 발전설비의 병렬 분리 등에 따라 동작하지 않는다.

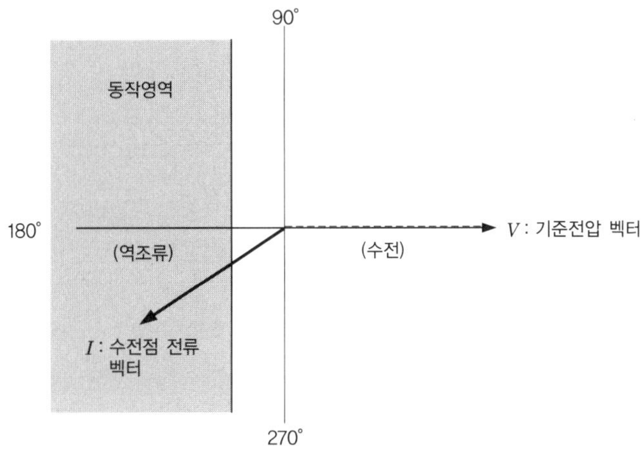

그림 3-5-13 역전력 릴레이의 특성

수가 저하하게 되므로 이를 검출하여 차단하기 위한 부족 주파수 릴레이(UFR)를 설치한다. 역조류가 있는 방식의 발전설비가 단독계통 내에 있어서 또 (계통 내 발전설비)>(계통 내 부하) 또는 (계통 내 발전설비) ≒ (계통 내 부하)가 된 경우에는 역조류 방식의 발전설비 측이 단독 운전 검출기능에 따라 분리되어 (계통 내 발전설비 출력)<(계통 내 부하)가 된 후에, 본 릴레이에 따른 검출이 가능해진다.

단독 운전 계통의 전력 균형 상황에 따라서는 RPR에서는 검출할 수 없고, 본 릴레이에서의 검출을 기대할 수 있는 케이스도 생각할 수 있기 때문에 UFR을

표 3-5-10 주파수 저하 릴레이(UFR)의 표준 정정치
(역변환장치, 교류발전설비)

	검출 레벨	검출시한	고려사항
UFR	정격주파수의 −3.0% 48.5Hz/ 58.2Hz	1초	• 단독 운전에 따른 주파수 저하를 검출한다. • 과도적인 주파수 저하에서는 동작하지 않는다.

RPR로 대체할 수는 없다.

표 3-5-10에 주파수 저하 릴레이의(UFR) 표준정정치를 나타냈다.

표 3-5-11 역충전 검출 기능용 부족 전력 릴레이(UPR)의 표준 정정치
(역변환장치, 교류발전설비)

	검출 레벨	검출시한	고려사항
UPR	역변환장치 : 최대 수전 전력의 3% 정도	0.5초	• 인입선 작업 등에 따른 계통측 개방 시의 역충전을 검출하고 게이트 블록한다.
	교류발전설비 : 정격출력의 수 % 정도(고저압 혼촉사고 대책용 릴레이의 능력을 감안하여 검토)	1초	

표 3-5-12 역충전 검출 기능용 UVR의 표순 정정치
(역변환장치, 교류발전설비)

	검출 레벨	검출시한	고려사항
UVR	80%	0.5초 : 역변환장치	• 인입선 작업 등에 따른 계통 측 개방 시의 역충전을 검출해 차단한다.
		1초 : 교류 발전설비	

(주) 발전설비 고장시의 계통보호용 UVR과 겸용할 수 있다. 이 경우에는 역충전 검출 기능의 시한이 우선된다.

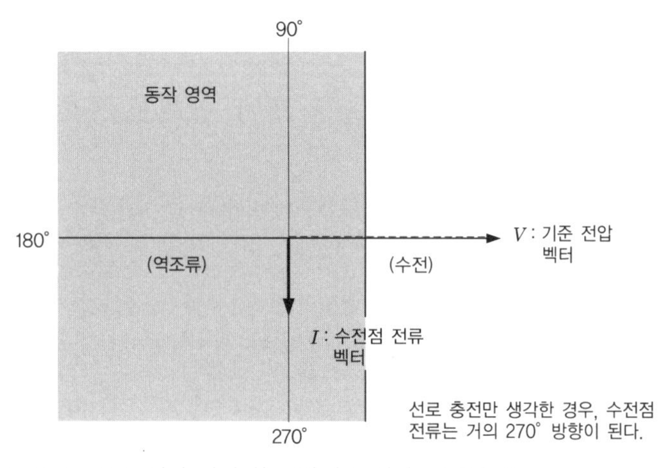

그림 3-5-14 부족 전력 릴레이(UPR)의 특성과 수전점 전류

(b) 역충전 검출 기능

역조류가 없는 경우의 연계의 경우에는 대부분 단독 운전 방지 대책(RPR, UFR)에 따라 대책이 가능하다고 생각하지만, 아주 드문 케이스로 구내부하와 발전설비출력이 평형한 상태에서 인입선 등의 단거리선로 등이 계속 역충전 될 우려도 있다. 따라서 이를 방지하기 위한 역충전 검출 기능이 필요해진다.

하지만 역충전 검출 기능에 대해서는 현재 기술 레벨로 확립된 검출방식이 없기 때문에 부족전압 릴레이(UVR) 및 부족전력 릴레이(UPR), 역전력 릴레이(RPR) 등을 조합하여 구성한다.

표 3-5-11에 역충전 검출기능용 UPR의 표준정정치를, 표 3-5-12에 역충전 검출기능용 UVR의 표준정정치를 각각 나타냈다. 그림 3-5-14에 부족전력 릴레이(UPR)의 특성과 수전점전류를 나타냈다.

5-4 보호장치의 구성 예

이제까지 서술한 것과 같이 분산형 전원을 저압배전선에 계통연계할 때는

- 발전장치의 종류(형태)
- 역조류의 유무

에 따라 필요한 보호릴레이의 종류와 그 구성이 달라진다. 여기에서는 저압연계되는 것이 가장 많다고 생각되는 태양광발전설비의 보호장치의 구성 예를 나타냈다. 전기방식과 설치 상수(相數)에 유의해야 한다(표 3-5-13).

그림 3-5-15에는 파워 컨디셔너(PCS)를 사용한 보호 장치의 구성 예를 나타냈다.

표 3-5-13 보호기능 설명

신호	보호기능	보호대상	전기방식과 설치 상수		
			단상 2선식	단상 3선식	3상 3선식
OCR-H	과전류	구내 측 단락	1	2	2
OCGR	지락과전류	구내 측 지락	1	1	1
OVR	과전압	발전설비 이상	1	2	2
UVR	부족전압	발전설비 이상 계통전원 상실 계통 단락	1	2	3
OFR	주파수 상승	전력계통 주파수 상승	1	1	1
UFR	주파수 저하	전력계통 주파수 저하	1	1	1
단독 운전 검출 기능	단독 운전 검출	단독 운전	개별 검토(수동적 방식, 능동적 방식의 각각 1방식 이상)		

(주) (1) 발전설비의 전기방식은 원칙으로 연계하는 전력계통의 전기방식과 동일하게 한다.
(2) 단독 운전 검출 기능은 수동적 방식과 능동적 방식을 각각 1방식 이상 조합한다.
(3) 직류 유출 방지용 변압기는 다음의 조건을 함께 만족하는 경우에 생략할 수 있다.
·역변환장치의 직류회로가 비접지 또는 고주파 변압기를 이용하고 있다.
·역변환장치의 교류출력 측에 직류검출기를 갖추고, 직류검출시에 교류출력을 정지하는 기능을 가지고 있다.
(4) 분리는 C점(MC)을 분리하는 것과 동시에 게이트 블록을 한다(2점 분리에 상당).
(5) 수동적 방식의 검출 신호는 5~10초간 계속 유지시킨다(이때 역변환장치의 게이트 블록을 하는 등으로 역변환장치의 출력을 정지한다).

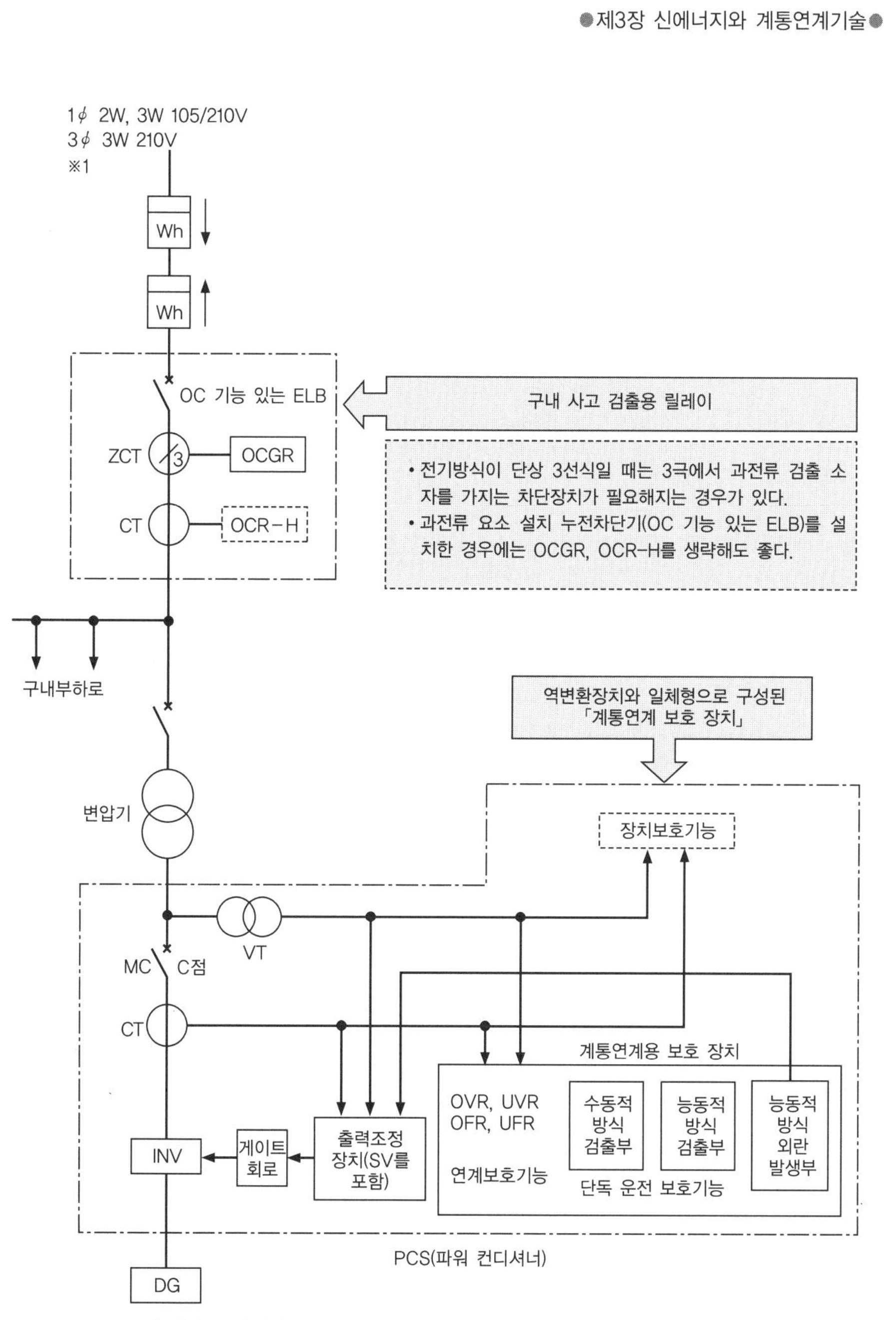

(주) CT의 방향은 릴레이 보호 방향을 고려한다.

그림 3-5-15 파워 컨디셔너를 이용한 보호장치의 구성 예
(출처 : 계통연계규정)

태양광·풍력발전과 계통연계기술

06 고압배전선과의 연계

6-1 기본적인 고려사항

필요한 보호기능의 기본적인 고려사항을 이하에 나타냈다. 이는 저압배전선과의 연계와 거의 동일하다.

(1) 발전설비의 고장에 대해서는 이 영향을 연계계통으로 파급시키지 않도록 하기 위해, 발전설비를 즉시 계통에서 분리할 것.

(2) 연계된 계통의 사고에 대해서는 신속하고 확실하게 계통에서 발전설비를 분리할 것.

(3) 상위 송전선 사고시 등, 해당 계통의 전원이 상실한 경우에도 발전설비가 고속으로 분리되고, 일반 수용가를 포함한 어떤 부분계통에서도 단독 운전이 일어나지 않을 것.

(4) 사고시 자동재폐로 시에 발전설비가 확실하게 계통에서 분리되고 있을 것.

(5) 연계된 계통 이외의 사고시에는 발전설비를 분리하지 않을 것.

이상의 사고방식을 토대로 여러 보호릴레이 장치의 설치가 필요해진다.

또, 구내설비의 사고를 상용계통으로 파급시키지 않도록 하기 위해 필요한 보호 장치에 대해서는 분산형 전원의 유무에 관계없이 필요하기 때문에 계통연계용 보호 장치로부터는 제외되어 있다.

6-2 필요한 보호릴레이의 종류와 역할

고압배전선으로의 분산형 전원 연계에 대해서는 ① 동기발전기, ② 유도발전기, ③ 인버터 모두 역조류가 있는 경우를 인정하고 있다. 이들 설비의 연계형태마다 필요해지는 보호릴레이가 규정되어 있으므로 이를 표 3-6-1에 나타냈다. 또, 여기에서 사용되고 있는 릴레이의 기본적인 동작과 결선에 대해서는 지락과전압 릴레이(OVGR)에 대해서만 표 3-6-2에 나타냈다(OVGR 이외에는 표 3-5-2를 참조하길 바람).

저압배전선으로의 연계에서는 개별로 검토되고 있는 DSR이 동기발전기에서 표준적으로 채용되고 있는 것, OVGR이 모든 연계형태에서 필요한 것, 그리고 선로 무전압 확인 장치를 필요로 하고 있는 것을 알 수 있다.

이를 중심으로 고압배전선으로의 연계로 특징적인 사항을 해설한다.

(1) 발전설비 고장 대책

연계계통과 구내에 사고가 없는 상태에서 발전장치가 고장이 나면 전압을 유지할 수 없다고 생각되기 때문에 발전설비 고장시의 계통보호를 목적으로 과전압 릴레이(OVR) 및 부족전압 릴레이(UVR)를 설치한다.

또, 유도발전기의 경우, 계통과 연계하고 있는 경우에는 계통전압을 따르기

표 3-6-1 발전기의 종류와 필요한 보호릴레이

발전설비의 종류		동기발전기		유도발전기		역변환장치	
보호 대상 등 \ 역조류의 유무		있음	없음	있음	없음	있음	없음
발전설비 고장시 계통 보호		OVR, UVR①					
계통 측 단락사고시 보호		DSR		UVR ※①과 공용 가능			
계통 측 지락사고시 보호		OVGR					
단독 운전 방지	OFR	○	–	○	–	○	–
	UFR	○	○	○	○	○	○
	RPR	–	○	–	○		○
	운전차단장치 또는 단독 운전 검출기능	○	–	○	–	○	–
재폐로시의 사고 방지		선로 무전압 확인 장치					

(주) ○ : 설치가 필요 – : 설치가 불필요

표 3-6-2 보호릴레이의 기본동작과 입력전기량
(OVGR에 대해서만 기재한다. 이 이외의 릴레이에 대해서는 표 3-5-2를 참조)

릴레이 명칭 (약호)	기본동작	입력전기량	정정 항목
지락과전압 릴레이 (OVGR)	지락사고시에 발생하는 영상 전압의 크기가 일정치 이상일 때에 동작한다.	V_o	전압[V]

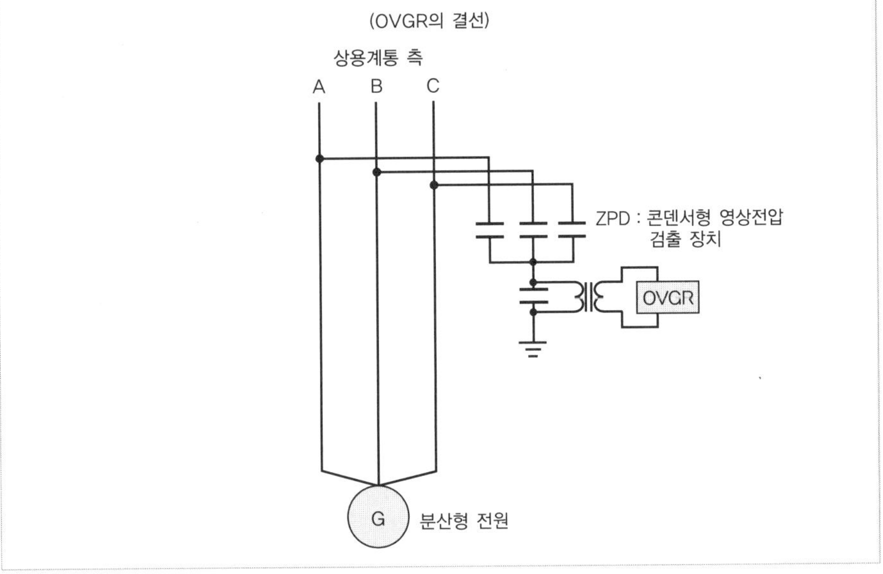

위해 UVR 및 OVR을 생략할 수 있다고 생각하지만, 유도발전기 특유의 자기여자현상(주)에 따른 단독 운전 시의 전압 이상 대책을 위해 UVR 및 OVR을 설치할 필요가 있다.

주
역률 개선용 콘덴서 등과 병렬로 된 상태에서 분리되면 자기여자 현상이 일어나고, 이상한 주파수와 이상한 전압이 발생하는 경우가 있다.

표 3-6-3 발전설비 고장 시 계통보호용 OVR, UVR의 표준 정정치
(교류발전설비, 역변환장치)

	검출레벨	검출시한	고려사항
OVR	110~120%	0.5~2초	• 단독 운전시 전압상승에 대한 보호도 겸한다. • 순시적인 전압상승에 따른 동작은 피한다.
UVR	80~90%	0.5~2초	

표 3-6-3에 발전설비 고장시의 계통보호용 OVR, UVR의 표준정정치를 나타냈다.

(2) 계통단락사고시 보호

계통단락시의 보호릴레이는 동기발전기를 사용한 발전설비의 경우 DSR의 적용이 기본이고 유도발전기와 전력변환장치를 이용한 발전설비인 경우 UVR의 적용이 기본으로 되어 있다.

(a) 단락방향 릴레이(DSR)

동기발전기의 경우에는 단락사고 발생 시에 단락전류를 계속 흐르게 하여, 사고점에 따라서는 발전기 설치점의 전압 저하가 적은 경우가 있고, UVR로는 확실한 보호를 기대할 수 없다. 따라서 선간전압과 상전류와의 조합으로 단락사고의 방향을 판정하는 원리인 DSR의 사용이 기본이 된다.

단락사고를 보호하는 릴레이의 하나로 과전류 계전기 OCR이 있지만 OCR은 전류의 크기만을 판정하는 것뿐이므로 (부하전류)<(사고전류)인 것이 적용 조건이 된다. 한편, 수용가 구내에 동기발전기를 설치하는 경우 등을 상정하면 (계통측으로 유출하는 사고전류)<(상시 부하전류)가 되는 경우도 있으므로 전류방향을 판별할 수 있는 DSR의 설치가 필요해진다.

DSR 설치점의 전압-전류의 관계를 **그림 3-6-1**에, 또, DSR의 특성과 DSR에 입력된 전류 벡터의 관계를 **그림 3-6-2**에 나타냈다.

DSR은 선간전압의 벡터방향을 기준으로 하여 전류 벡터가 소정의 위상범위

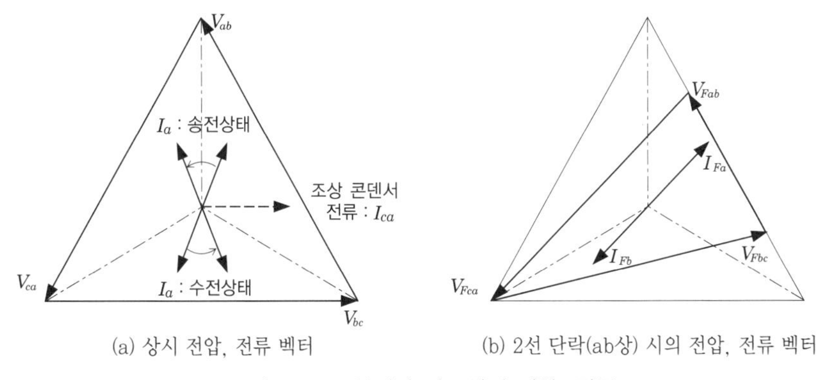

(a) 상시 전압, 전류 벡터　　(b) 2선 단락(ab상) 시의 전압, 전류 벡터

그림 3-6-1 상시와 사고시의 전압, 전류

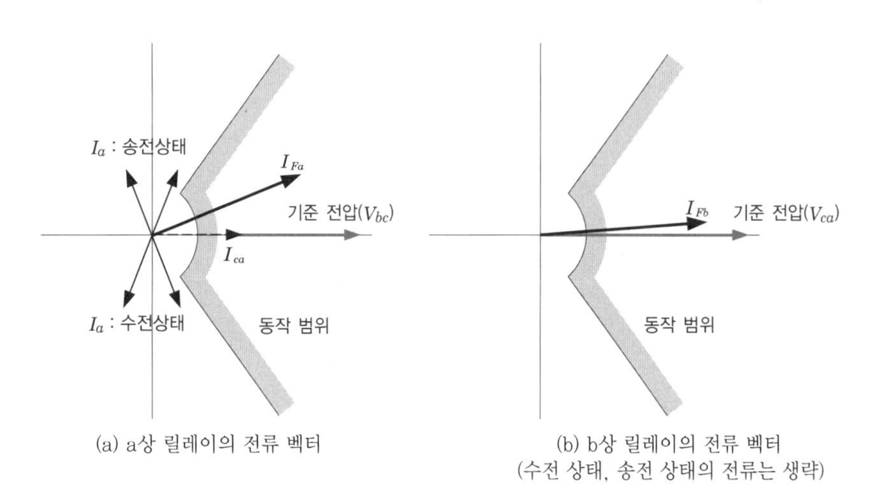

(a) a상 릴레이의 전류 벡터

(b) b상 릴레이의 전류 벡터
(수전 상태, 송전 상태의 전류는 생략)

그림 3-6-2 DSR의 특성과 전류 벡터의 관계

에 들어갔을 때에 동작하는 릴레이이다. 동작범위는 부채형 위싱 특성으로 되어 있고, 그 범위는 기준전압을 중심으로 ±55° 정도를 일반적으로 채용하고 있다.

또, DSR 설치에 있어서는 아래와 같은 점에 유의해야 한다.

- 아주 가까운 거리에서 3상 단락사고에서는 DSR 설치점의 전압이 저하하고, 전류방향을 판단하기 위한 기준 전압 벡터를 상실하므로 전압 메모리(사고 직전의 전압 벡터를 기억하고, 내장한 UVR 등을 사용하여 동작 상태를 유지) 기능을 가진다.
- 역률 개선용 콘덴서 진행 전류(그림 3-6-1(a), 그림 3-6-2(a)의 I_{ca})가 DSR의 동작역에 들어가지 않도록 정정치, 콘덴서 운용 등에 주의해야 한다. 또, 단락사고시에 전압이 저하하는 것을 사용하여 UVR 등을 조합시키는 경우도 유효해진다.

표 3-6-4 계통측 단락사고 보호용 DSR의 표준 정정치
(동기발전기만)

	검출레벨	검출시한	고려사항
DSR	연계계통 내 임의 지점의 2상 단락 사고 시에 검출 가능한 것	0.5~1초	• 단독 운전시의 전압상승에 대한 보호도 겸한다. • 역률개선용 콘덴서에 따른 진상 전류에서 동작하지 않을 것. • 동일 배전 변압기 이외의 다른 계통사고시에는 동작하지 않는 것이 바람직하다.

• 동일 구내에 복수의 발전기를 설치하는 경우에는 최소 운용 대수 조건에서 도 동작할 수 있도록 정정치를 검토해야 한다.

표 3-6-4에 계통 측 단락사고 보호용 DSR의 표준정정치를 나타냈다.

(b) 부족 전압 릴레이(UVR)

유도발전기 및 인버터를 이용한 경우에 적용된다.

유도발전기는 계통에서의 여자가 필요하고, 단락사고시에는 단락전류의 감쇠가 빠르게 이루어지지 않는다. 또, 인버터의 경우에는 스위칭 소자 보호를 위해 과전류 보호기능과 과전류 제한기능이 순시 동작하여 단락전류의 공급이 제한된다. 모두 연계장소의 전압이 저하하기 때문에 이를 검출하여 차단한다. 단, UVR에서는 다른 계통사고에 따른 전압저하와 연계계통사고에 따른 전압저하를 구분할 수 없기 때문에, 계통 측 변전소의 단락 보호 릴레이와의 시한 협조가 필요해진다. 즉, 계통 측 변전소의 단락 보호릴레이가 동작 후에 UVR이 동작하도록 UVR에 시한을 가지게 된다.

또, 본 릴레이와 발전설비 고장 시의 계통보호용 UVR을 공용해도 괜찮다.

(3) 계통지락사고시 보호

발전설비 설치자의 중성점은 비접지이고, 또, 구내 케이블 등이 작기 때문에 계통지락사고 시에 유출하는 지락전류는 적다. 따라서 지락과전류 릴레이(OCGR)에서는 계통 측 지락을 검출할 수 없는 경우가 많으므로 지락과전압 릴레이(OVGR)가 필요해진다. 한편, OVGR은 전력회사의 변전소에서 인출되는 연계처 이외의 다른 배전선의 지락사고도 검출하기 때문에 변전소의 지락보호 릴레이(DGR)와의 시한 협조를 하게 할 필요가 있다.

표 3-6-5에 계통지락사고시 보호용 OVGR의 표준정정치를 나타냈다.

표 3-6-5 계통지락사고시 보호용 OVGR 표준 정정치
(교류발전설비, 역변환장치 모두)

	검출레벨	검출시한	고려 사항
OVGR	배전용 변전소의 OVGR의 정정치와 동등 이하	전기해석 제 19조(주)를 준수할 수 있는 시한	• 동일 배전 변압기 이외의 다른 계통사고 시에는 동작하지 않는 것이 바람직하다.

(주) 자세한 것은 「5-2(3) 고저압 혼촉 사고 보호」를 참조하길 바란다.

● OVGR 설치의 예외 처치

다음 두 가지 경우에는 OVGR을 생략할 수 있다.

- 인버터를 사용한 발전설비가 구내 저압선에 연계하는 경우이고, 그 출력용량이 수전전력에 비해 매우 작은 경우(간주 저압연계 : 발전설비의 출력용량이 계약전력의 5% 정도 이하에 해당)
- 구내 저압선에 연계되는 인버터를 사용한 발전설비이고, 1 설치자 당 발전설비용량이 10kW 이하인 경우

단, 상기의 인버터에는 단독 운전 검출 기능(능동 방식, 수동 방식 각 1방식 이상)이 필요하다.

6-3 단독 운전 방지

(1) 단독 운전 방지의 기본적인 고려사항

단독계통 발생 케이스로는 연계계통의 사고로 배전용 변전소 송출 차단기가 개방되어 사고를 동반한 단독계통이 되는 케이스, 그리고 사고를 동반하지 않는 단독계통의 케이스로는 배전용 변전소의 상위계통 사고 시, 연계계통의 사고로 송출차단기 개방 후에 사고점이 소멸하는 등의 특이사고, 작업에 따라 선로용 차단기를 개방하여 선로 정지하는 등이 있다. 후자의 케이스에서는 계통사고 검출용 릴레이에서는 단독 운전을 방지할 수 없으므로 이를 방지하기 위한 방책이 필요하다.

단독 운전방지에 대해서는 분산형 전원의 역조류 유무에 따라서 기본적인 고려사항이 다르다.

> ● 단독 운전 방지책의 기본적인 고려사항
> - 역조류 있음 연계 = OFR+UFR+전송차단장치 또는 단독 운전 검출 장치
> - 역조류 없음 연계 = UFR+RPR

게다가 역조류 유무에 관계없이 고압배전선 자동재폐로일 때에 분산형 전원으로 선로가 충전되어 있으면 연계설비는 물론이고 일반 수용가의 부하기기에 손상을 입힐 우려가 있기 때문에

> 배전선 인출구에 선로 무전압 확인 장치를 설치한다.

라는 것이 원칙으로 규정되어 있다. 단, 자동재폐로를 하지 않는 경우 또는 단독 운전 방지 대책의 기능적 이중화와 계통연계 보호장치의 2계열 설치 등으로 단독 운전의 가능성이 매우 낮은 경우에는 선로 무전압 확인 장치를 생략할 수 있다. 자세한 것에 대해서는 「6-4 재폐로 시의 사고방지」를 참조하길 바란다.

(2) 역조류가 있는 연계의 단독 운전 방지책

저압배전선과의 연계의 항「5-3(3) 단독 운전 검출기능」에서도 서술한 대로 OVR, UVR, OFR, UFR 등의 보호릴레이로 단독 운전의 감시를 도모하는 것은 가능하지만 단독 운전 계통 내에서 (발전출력)≒(부하) (유효전력 및 무효전력

모두)의 경우에는 이들 릴레이에 따른 검출은 기대할 수 없다. 따라서 배전선 사고 시의 분리를 확실히 하기 위해

전송차단장치 또는 능동적 1방식을 포함한 단독 운전검출기능을 가진 장치

를 설치하는 것으로 여겨지고 있다.

전송차단장치란 배전용 변전소 송출차단기의 개폐상태를 분산형 전원설치점으로 송신하는 것이다. 이 구성을 **그림 3-6-3**에 나타냈다. 전송차단방식은 단순하면서도 확실한 방식이라 할 수 있지만 송신장치와 수신장치 간에는 전송로(메탈, 광파이어 케이블)가 필요한 점 외, 분산형 전원 증가에 따라 배전용 변전소에 송신장치가 다수 필요해지는 등, 비용면 문제와 보수, 운용면에서 번잡해지는 결점도 있다.

(a) 단독 운전 방지 기능을 사용하는 조건

분산형 전원의 보급을 확대하기 위해서는 경제적인 부담이 적거나 확실한 단독 운전 검출기능이 필요해진다. 하지만 교류발전설비에 사용하는 능동방식의 단독 운전 검출장치에 대해서는 아직 개발중인 측면도 있기 때문에 실제 적용시에는 수동방식 1방식 이상을 포함한 것으로 여기고 있다. 또, 능동방식은 애초에 계통연계시에 전기량에 변동을 주는 것인 점 또, 계통조건에 따라 검출감도가 변화하는 점 때문에 사전에 계통에 주는 영향과 검출성능에 대한 시뮬레이션을 할 필요가 있다.

능동방식 시뮬레이션 예를 **그림 3-6-4**에 나타냈다.

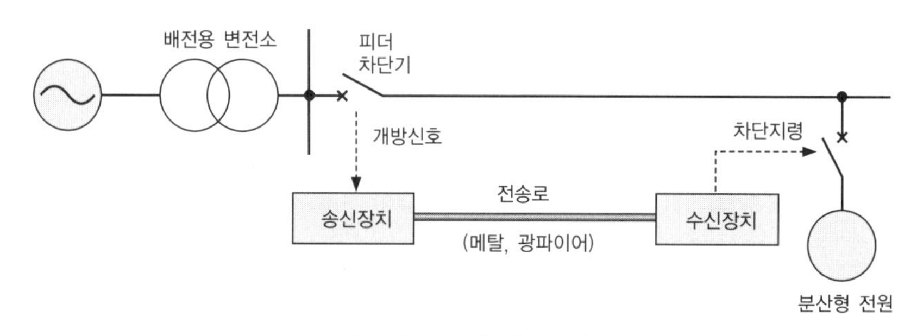

그림 3-6-3 전송차단장치

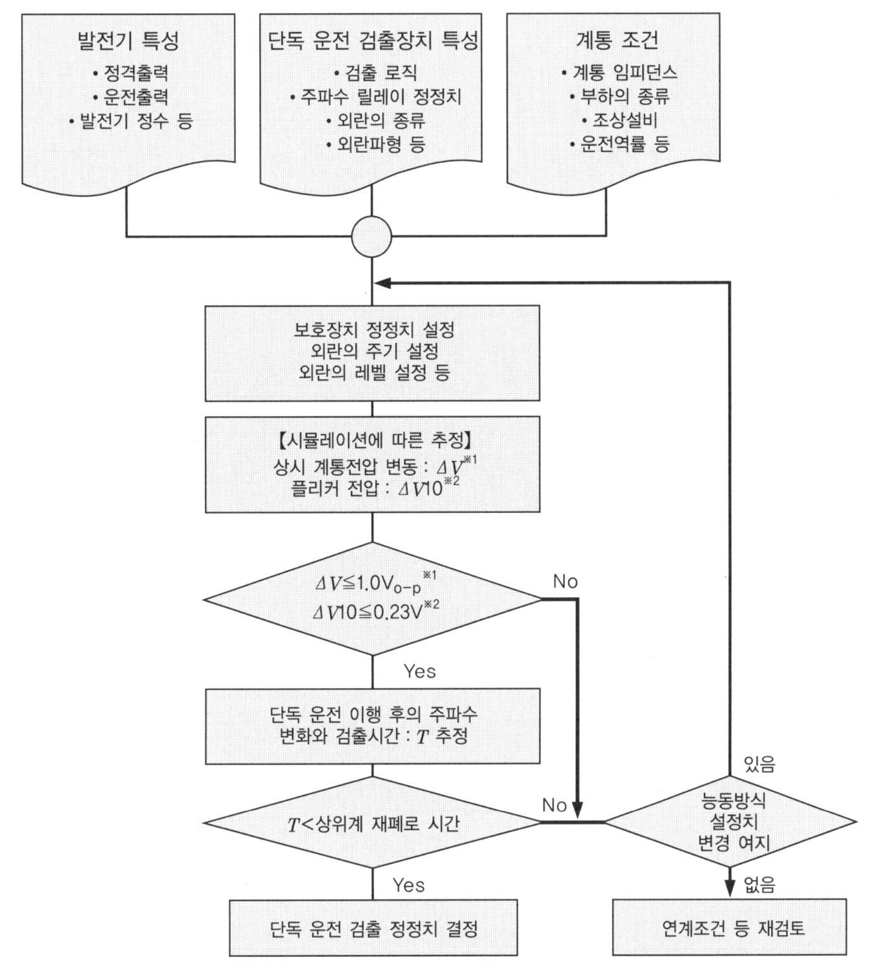

그림 3-6-4 능동방식의 시뮬레이션 예

(3) 교류발전설비의 단독 운전 검출기능

인버터를 이용한 발전설비를 고압배전선에 연계할 경우의 단독 운전 검출기능의 고려사항은 「5. 저압배전선과의 연계」에서 설명한 것과 같다. 고압배전선으로의 연계에서는 교류발전설비의 연계 케이스도 많아지므로, 여기에서는 교류발전설비에서의 단독 운전 검출기능에 대해서 소개한다.

또, 교류발전설비에 대해서는 인버터를 이용한 발전설비에 비해

• 비교적 대용량이므로, 계통에 미치는 영향이 크다.

- 회전체이므로 관성이 크고, 단독 운전 이행시 전압, 주파수의 변화가 발생하기 어렵다.
- 연계 복귀까지 시간이 걸린다.

등의 특징이 있고, 불필요한 동작이 적은 능동적 방식이 단독 운전 검출의 주체적 역할을 담당하게 되고, 수동방식은 능동방식의 백업으로써 사용되게 된다.

(a) 능동적 방식

① 무효전력 변동 방식

연계된 동기발전기의 AVR 전압설정치에 주기적인 변동을 주고, 단독 운전 이행 후에 발생하는 주파수변동을 검출하여 단독 운전을 판단하는 방식이다. 검출감도와 검출시간의 단축 관점으로부터는 변동량을 크게 할 필요가 있는 반면, 계통전압으로의 영향을 피하기 위해서는 무턱대고 변동량을 크게 할 수는 없다. 따라서 확실한 검출과 계통으로의 영향회피를 양립하기 위해, 검출레벨을 다단으로 하여 저차 검출의 경우에는 변동량을 증가시키면서 고차 검출에 따라 확실한 판정으로 이행시키는 등의 기법을 쓰는 경우가 많다. 이러한 동작원리는 무효전력 보상방식도 같다. 변동신호의 주기와 크기에 대해서는 대략 이하의 고려사항을 토대로 결정한다.

- 변동주기…… 0.1Hz~1.0Hz 정도가 사용된다. 변동주기에 따라 단독 운전 이행 후에 나타난 주파수 변동량이 좌우되므로, 가장 변동이 커지는 주기가 선정된다. 이는 발전설비의 기계계(원동기 시정수 등)의 특성에 의존한다.
- 변동신호파형…… 방형파, 정현파, 삼각파 등이 사용되지만 같은 피크치 변동량에서도 나타나는 주파수변동의 크기는 변동신호파형의 실효치와 상관하는 점으로부터 (방형파)>(정현파)>(삼각파)가 된다. 또, 단독 운전으로 이행하는 타이밍이 변동신호파형의 어느 곳의 위상에 따르는 지로 검출시간이 변화한다. 검출시간의 불규칙을 생각하면 방형파보다 정현파와 삼각파 쪽이 유리하다고 한다. 또, 파형은 검출 로직과의 관련성도 있다.
- 변동량…… 연계시에 계통에 미치는 영향을 생각하면 적은 쪽이 괜찮지만 단독 운전 이행 후의 검출성능을 확보하기 위해서는 어느 일정치 이상의 수치가 필요해진다. 일반적으로는 4~5% 정도가 사용되고 있다.

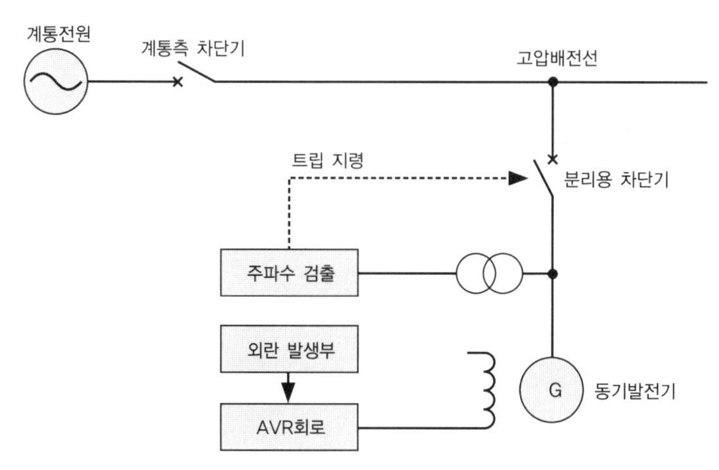

그림 3-6-5 무효전력 변동방식 원리도

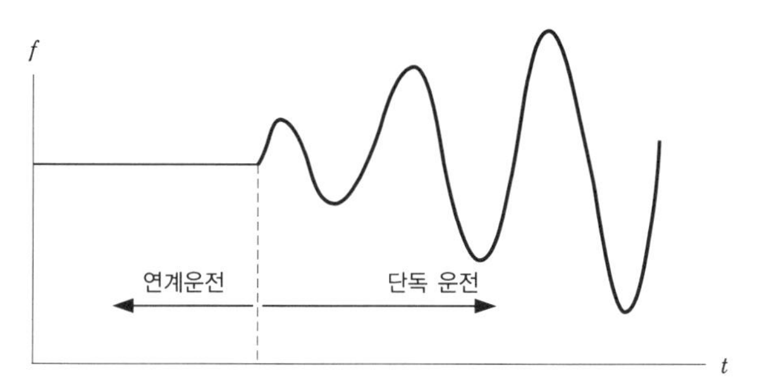

그림 3-6-6 무효전력 변동방식에 따른 주파수 변화

〈특징〉

- 방식이 심플하고, 검출시간과 계통전압변동의 상정이 비교적 용이하다.
- 발전설비가 효율적인 운용을 손해보는 일이 없이 연계 가능하다.
- 무효전력 제어가 안 되는 유도발전기에는 적용할 수 없다.

그림 3-6-5에 무효전력 변동방식의 원리도를, **그림 3-6-6**에 무효전력 변동방식에 따른 주파수변화를 나타냈다.

② 무효전력 보상 방식

원리적으로는 무효전력 변동방식과 같지만 발전기의 외부에 정지형 무효전력 보상장치(SVC) 등을 병렬로 설치하고, 이것의 전압설정치에 주기적인 변동을 주는 방식이다.

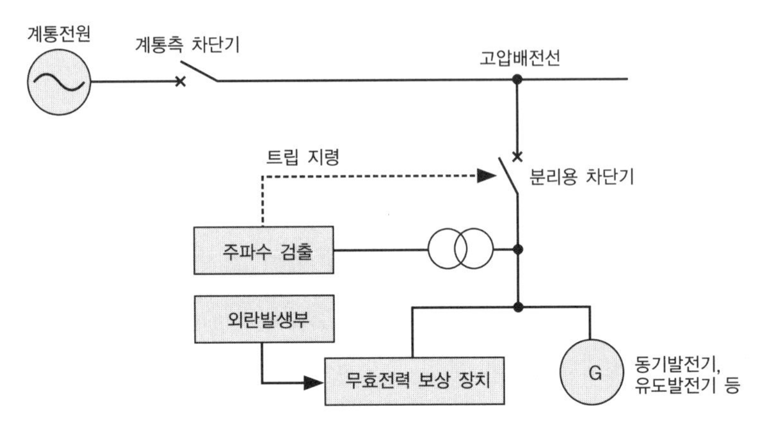

그림 3-6-7 무효전력 보상 방식 원리도

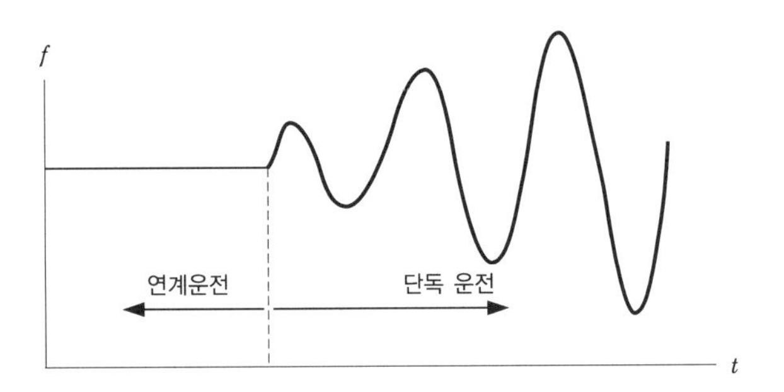

그림 3-6-8 무효전력 보상방식에 따른 주파수 변화

〈특징〉

- 무효전력 보상장치가 별도로 필요해진다.
- 유도발전기로의 적용도 가능하고 기설 발전설비를 역조류가 있는 경우의 연계로 변경하는 경우에도 발전설비의 변경은 발생하지 않는다.
- 무효전력 변동방식과 동등한 성능을 얻을 수 있다.

변동신호의 파형과 그 크기 등에 대해서도 무효전력 변동방식과 같다.

그림 3-6-7에 무효전력 보상방식의 원리도를, **그림 3-6-8**에 무효전력 보상방식에 따른 주파수 변화를 나타냈다.

③ QC모드 주파수 시프트 방식(**그림 3-6-9**)

계통의 주파수변동(변화율)의 극성과 크기에 맞게 발전기 출력을 동요시켜 단독 운전 이행 후, 정귀환 루프로 증폭되는 주파수변동을 주파수 릴레이로 검출

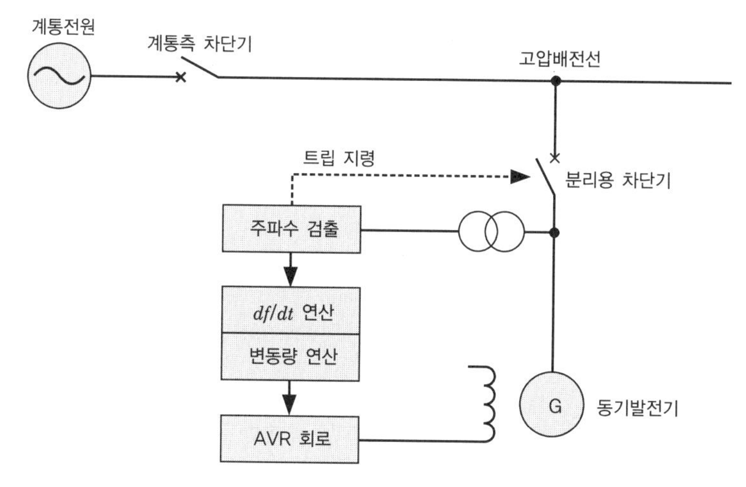

그림 3-6-9 QC모드 주파수 시프트 방식 원리도

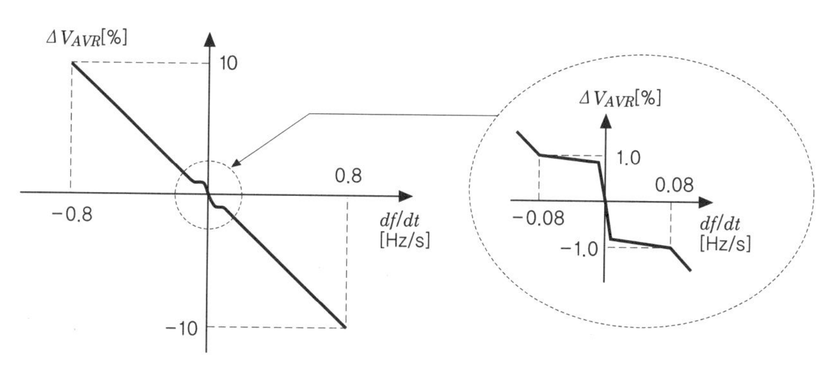

그림 3-6-10 QC모드 주파수 시프트 방식(주파수 변동과 발전기 출력 변동 신호)

하는 방식이다. 계통주파수 변동과 발전기 출력 변동량의 관계로는 **그림 3-6-10**과 같은 변환 테이블이 사용된다. 같은 그림에는 제로점 근방의 변화량을 크게 한 단계변동방식의 예를 나타냈다. 이는 단독 운전 직후의 미소한 주파수 변동에 대한 감도를 높이는 연구이다. 또, 단계변동의 목표로 되어 있는 0.08Hz/s는 계통에서 일어날 수 있는 주파수변동수치를 참고하여 결정하고 있다.

검출레벨에 관해서는 주파수변화와 변동량의 관계에 따라 적절한 값으로 할 필요가 있다.

그림 3-6-9에 QC모드 주파수 시프트 방식의 원리도를, **그림 3-6-10**에 QC모드 주파수 시프트 방식의 주파수 변동과 발전기 출력변동 신호의 관계를, 그

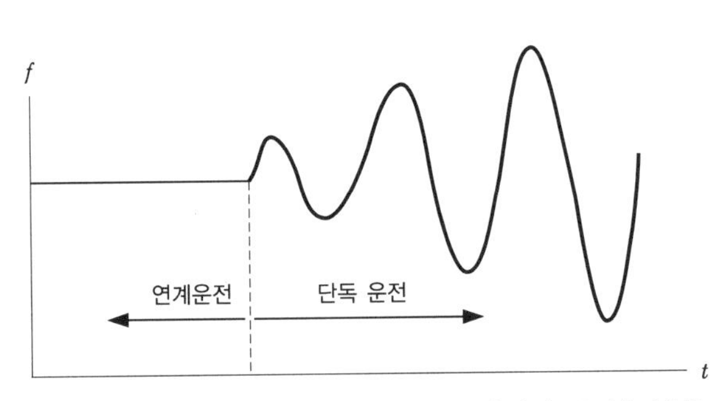

그림 3-6-11 QC모드 주파수 시프트 방식의 주파수 변화

〈특징〉
- 연계조건에 관계없이 일률적인 정정치를 적용할 수 있다.
- 단독 운전 검출시간과 연계중인 계통전압변동을 상정하는 것이 어렵다.
- 장거리 배전선에 연계할 경우, 발전기의 안정도가 저하한다.
- 동기발전기만 가능하고 유도발전기에 적용할 수 있다.

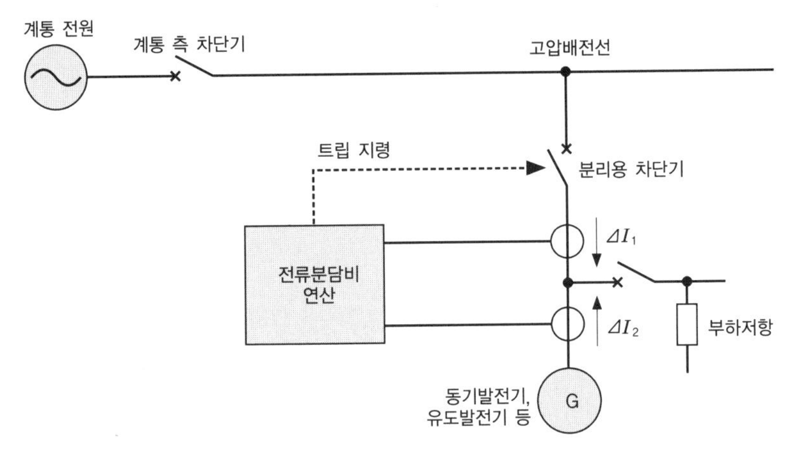

그림 3-6-12 부하변동방식 원리도

림 3-6-11에 QC모드 주파수 시프트 방식의 주파수 변화를 나타냈다.

④ 부하변동방식

부하저항을 주기적으로 단시간 삽입하고, 그 때의 계통 측에서의 전류와 발전기 측에서의 전류비(전류분담비)의 변화를 사용하여 단독 운전을 검출하는 방법이다.

부하저항을 삽입하는 것으로 전력손실이 발생하므로, 삽입시간은 아주 단시간

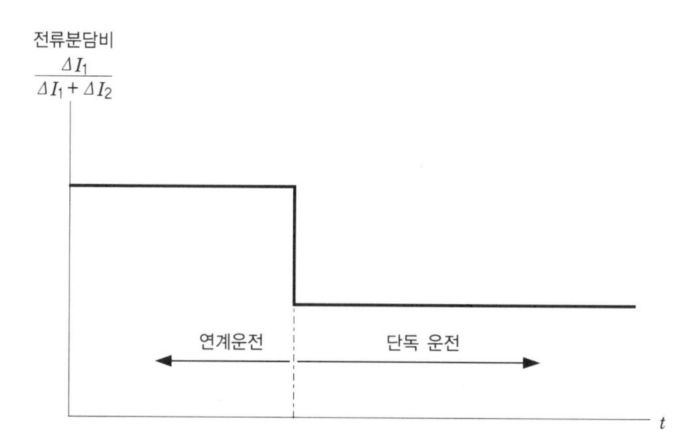

그림 3-6-13 부하변동방식에 따른 전류분담비 변화

으로 하는 것이 바람직하다. 또, 전류 제로크로스점으로 동기시켜 저항을 삽입하는 등의 방법으로 가능한 고조파 전류의 유출을 방지해야 한다.

또, 부하저항을 대용량으로 하고 삽입주기를 짧게 하면, 단독 운전 검출시간이 고속화되지만 반대로 상시 전압 플리커 등의 발생이 문제가 되므로 균형을 잡을 필요가 있다.

그림 3-6-12에 부하변동방식 원리도를, **그림 3-6-13**에 부하변동방식에 따른 전류 분담비 변화를 나타냈다.

〈특징〉

- 임피던스만 의존하므로 풍력발전설비 등의 출력변동이 큰 발전설비에서도 적용이 용이하다.
- 유도발전기에도 적용 가능하며 다종 발전기가 혼재한 경우라도 일괄보호가 가능하다.
- 전력손실이 발생한다.
- 장거리 배전선 등에서 계통 임피던스가 크고, 다른 발전기와 대용량 모터부하 등이 존재하는 계통에서는 전류분담비의 변화가 작은 경우가 있다.

⑤ 차수간 고조파(Inter harmonic Frequency) 주입 방식

계통에 차수간 고조파(2.5차, 3.5차,…) 전류를 미량으로 주입하고, 주입한 차수의 고조파 전압, 전류를 사용하여 계통의 임피던스를 감시한다. 실제 검출에는 서셉턴스(어드미턴스 : $Y=G-jB$의 허수부 B)의 변화를 사용하여 판단한다.

이 방식은 상시 고조파 전류를 주입하고 있는 점 때문에 전압 변형 등으로의 영향을 미리 평가해 둘 필요가 있다.

그림 3-6-14에 차수간 고조파 주입방식의 원리도를, **그림 3-6-15**에 차수간 고조파 주입방식에 따른 임피던스 변화를 나타냈다.

〈특징〉

- 계통 임피던스를 감시하고 있으므로 발전기의 종류를 불문하고 적용가능하다.
- 차수간 고조파를 상시 주입하면서 고속 샘플링으로 임피던스 변화를 감시하므로 고속검출이 가능하다.
- 동일계통에 복수대 설치된 경우에는 발전설비 설치자마다 다른 차수 고조파를 주입할 필요가 있다.
- 장거리 배전선 등에서 계통 임피던스가 크고 또, 다른 발전기와 대용량 모터 부하 등이 존재하는 계통에서는 계통 서셉턴스의 변화가 적어지는 경우가 있다.

(b) 능동적 방식의 정정 예

각종 능동적 방식의 단독 운전 검출기능의 정정 목표를 **표 3-6-6**에 정리했다. 정정치의 자세한 내용에 대해서는 **그림 3-6-4**에 나타낸 시뮬레이션 등을 통해 적절한 수치를 결정할 필요가 있다.

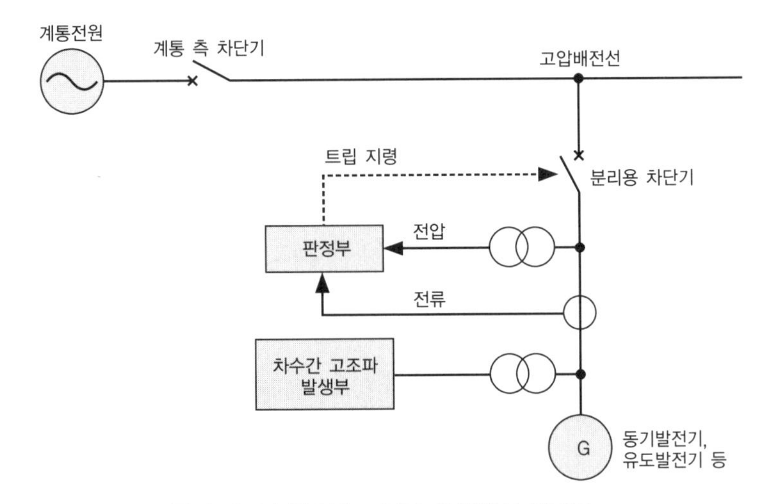

그림 3-6-14 차수간 고조파 주입방식 원리도

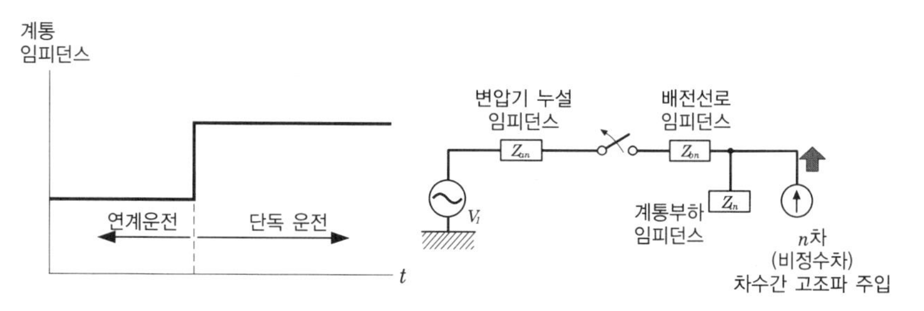

그림 3-6-15 차수간 고조파 주입방식에 따른 임피던스 변화

표 3-6-6 교류발전설비에서의 단독 운전 검출기능의 정정 목표

방식	변동요소 (변동량)	검출요소 (검출 레벨)	검출시한
무효전력 변동 방식	AVR 전압설정치 (수 % 정도)	주파수 변화량 (Δf=0.2~0.4Hz)	3초 정도 (1단 상위계 등, 즉 배전용 변전소의 상위의 송전계통 재폐로 시간 이내)
무효전력 보상 방식	무효전력 보상장치 전압설정치 (수 % 정도)		
QC모드 주파수 시프트 방식	AVR 전압설정치 (수 % 정도(계통주파수의 변동량에 맞는 수치))	주파수 변화율 ($\Delta f/\Delta T$ =0.08~0.8Hz/sec)	
부하변동 방식	삽입저항량 (발전기 정격출력의 수 % 정도)	전류분담비 (수 십 % 정도)	
차수간 고조파 주입 방식	고조파 주입량 (계통 임피던스의 감시가 가능한 레벨)	계통 서셉턴스 (-0.01~-0.1S 정도)	

또, 검출시한에 대해서는 배전용 변전소의 상위송전계통의 재폐로 시간이 긴 경우에는 어느 정도 연장하는 것도 가능하지만, 단독 운전 이행 후의 전압과 주파수의 불안정 상태가 계속되는 것은 바람직하지 않으므로 가능한 한 신속하게 발전설비를 분리하는 것이 바람직하다.

또, 한편으로는 다른 계통에서의 단락사고의 영향으로 발전설비에 과도동요가 발생할 경우가 상정되지만, 이에 대해 단독 운전 검출기능이 불필요하게 동작하는 것을 피해야 한다. 이 같이 시한과 검출감도 결정에 관해서는 고속성을 만족하면서 불필요한 동작은 피해야 한다는, 어느 의미로 보면 상반된 요구를 만족시킬 수 있는 적절한 수치를 선정해야 한다.

(c) 유도발전기를 사용한 풍력발전설비에 대한 특례

유도발전기를 사용한 발전설비에 대해서는 다른 발전설비와 달리

- 유도발전기는 계통에서 여자전류가 공급되지 않으면 발전할 수 없다.
- 풍속변동에 맞는 출력변동이 생기므로 단독 운전시에 일정출력을 유지할 수 없고, 주파수 릴레이와 전압 릴레이에서의 검출을 기대할 수 있다.

등의 이유로부터 원리적으로는 단독 운전이 발생할 우려가 적다고 할 수 있다. 이 때문에 주파수 상승 릴레이와 주파수 저하 릴레이로 단독 운전을 고속 또는 확실하게 검출, 보호할 수 있는 경우에는 「**전송차단장치 또는 단독 운전 검출기능을 가지는 장치**」의 설치를 생략할 수 있다.

하지만 해당 생략조건의 적용에 있어서는

- 연계계통 내에 역률 개선용 콘덴서가 있다.
- 연계계통 내에 여자전류의 공급능력을 가진 발전설비가 있다.
- 발전설비에 출력안정제어기구가 있는 장치가 적용되어 있다.
- 동일계통에 복수대의 풍력발전설비가 연계되는 경우와 동기발전설비 등 다른 발전설비가 혼재한다.

등의 경우에는 유도발전기라 하더라도 단독 운전이 계속될 가능성이 있으므로 유의해야 한다. 또, 연계 당초에는 이들 요건에 해당하지 않아 연계되었으나 새로운 고압수용가로의 공급 등을 계기로 생략 가능한 연계조건을 만족하지 못하는 경우도 생각할 수 있다. 이 경우에는 기존의 풍력발전설비 설치자측에서 단독 운전 검출장치 등을 설치하는 것이 합리적이라고 판단되고 있다.

(4) 역조류가 없는 경우의 단독 운전 방지대책

역조류가 없는 경우를 전제조건으로 연계하는 발전설비에 있어서는 단독 운전 상태에서 발전설비 설치자로부터 계통으로 유출하는 조류를 역전력 릴레이(RPR)에 따라 검출하면 (발전설비출력)<(구내 부하)를 만족시킴에 따라 주파수 저하를 발생시켜, 이를 검출하는 UFR을 설치한다. 단, 동일계통 내에 역조류가 있는 연계를 하는 발전설비 설치자가 혼재하고, 이와 함께 단독계통이 된 경우에는 역조류가 있는 연계의 발전설비가 단독 운전기능 등에 따라 분리될 때까지는 역조류가 없는 연계 측에서는 검출할 수 없는 경우도 있다. 따라서 역조류가

표 3-6-7 역전력 릴레이(RPR)의 표준 정정치
(교류발전설비, 역변환장치 모두)

	검출레벨	검출시한	고려사항
RPR	발전설비 정격출력의 5~10% 정도	0.5~2초 정도	• 역조류를 아주 고감도로 검출한다. • 단, 계통외란과 발전설비의 병렬 분리에서는 동작하지 않는다.

(주) 검출시한 : 배전용 변전소의 상위송전계통의 재폐로 시간에 여유가 있고, UFR과 UVR의 정정을 변경하는 것으로 RPR과 동등한 검출을 기대할 수 있는 경우에는 검출시간을 연장할 수 있는 경우가 있다.

없는 연계의 경우라도, 역조류가 있는 것과 동등한 계통연계용 보호장치를 설치하는 것이 단독 운전의 조기제거와 연계보호기능의 독립성 관점으로부터 바람직하다고 여겨진다.

(a) 역전력 릴레이(RPR)

발전설비에서 계통으로 전력이 유출하는 것을 RPR로 검출하고, 시한을 가지고 발전설비를 분리하는 것이 기본이 된다. 단, 아래와 같은 경우에는 이 릴레이를 생략할 수 있다.

- 구내 저압선에 연계하는 발전설비이고, 그 출력용량이 수전전력의 용량에 비해 매우 적은 경우(출력용량이 수전전력의 5% 정도 이내가 목표)에서 해당 발전설비가 단독 운전 검출기능을 가지는 경우(이 경우에는 수전점에 역전력 릴레이를 설치하더라도 검출할 수 없을 가능성이 높음)
- 일시적인 역조류가 발생했다 하더라도 계통전압에 미치는 영향이 없도록 계통전압을 적정하게 유지하는 대책을 도모하는 경우(역조류가 있는 연계와 동등한 단독 운전 검출 등의 방책을 취한 경우에 해당)이고, 역조류가 있는 경우와 동등한 단독 운전 방지대책을 강구하는 경우

표 3-6-7에 역전력 릴레이(RPR)의 표준정정치를 나타냈다.

(b) 주파수 저하 릴레이(UFR)

역조류가 없는 경우에는 (발전설비 출력)<(구내 부하)가 되고, 계통이 정지하면 주파수가 저하하게 되므로 UFR로 차단한다.

또, 전용선에 따른 연계라서 RPR 또는 UPR에서 고속으로 검출, 보호할 수 있는 경우에는 UFR을 생략할 수 있지만, 일반 배전선으로의 연계에서는 역조류

표 3-6-8 주파수 저하 릴레이(UFR)의 표준 정정치
(교류발전설비, 역변환장치 모두)

	검출레벨	검출시한	고려사항
UFR	정격주파수의 -1%~-3%	0.5~2초 정도	• 과도적인 주파수 저하에서는 동작하지 않는다.

가 있는 발전설비가 혼재할 가능성도 있어, 이 경우에는 조류 방향으로 단독 운전을 고속으로 검출하고, 보호하는 것이 어려우므로 RPR과 UPR을 UFR로 대체할 수 없다.

표 3-6-8에 주파수 저하 릴레이(UFR)의 표준정정치를 나타냈다.

6-4 재폐로시의 사고 방지

송전선과 배전선에서 사고가 발생했을 때에는 선로 보호릴레이에서 이를 검출하여 선로차단기를 개방하는 것으로 사고 제거를 한 후, 일정시간 후에 차단기를 재투입하여 정전 복구를 도모하는 방법을 쓰고 있다. 이를 자동 재폐로라고 한다.

이때에 고압배전선에 접속된 분산형 전원이 어떤 원인으로 분리되지 않은 상태에서 재폐로를 하면 분산형 전원이 비동기로 투입된다. 이 경우에 발전설비는 물론이고 수용가기기에 큰 손상을 줄 우려가 있다. 이 같은 사고를 방지하기 위해 **그림 3-6-16**과 같이 선로 무전압 확인 장치를 설치하고, 선로가 충전되어

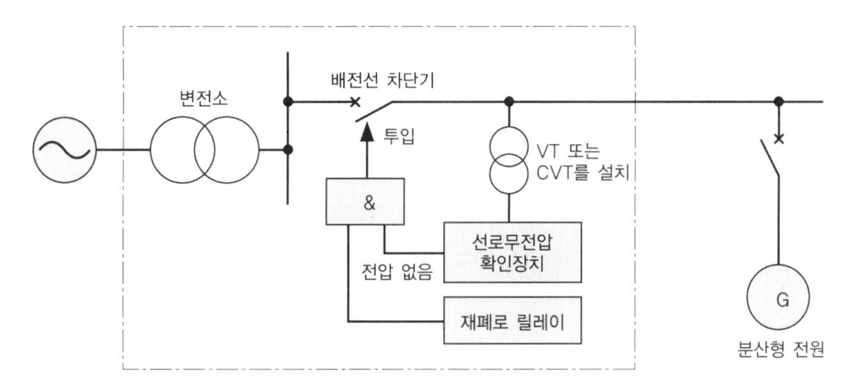

그림 3-6-16 선로무전압 확인장치와 재폐로 릴레이

표 3-6-9 선로무전압 확인장치의 생략 요건

역조류가 있는 경우	역조류가 없는 경우
(a) 전용선에 따른 연계 또는 자동 재폐로를 실시하지 않는 경우	
(b) 전송차단장치 및 단독 운전 검출기능(능동방식에 한함)을 가지는 장치를 설치하고 또, 각각이 다른 차단기를 개방하는 경우	
(c) 2방식 이상의 단독 운전 검출기능(능동방식 1방식 이상을 포함)을 가지는 장치를 설치하고 또, 각각이 다른 차단기를 개방하는 경우	
(d) 단독 운전 검출기능(능동방식에 한함)을 가지는 장치 및 정정치가 발전설비의 운전중에 배전선의 최저 부하보다 적은 역전력 릴레이(RPR)를 설치하고 또, 각각 다른 차단기를 개방하는 경우	
–	(e) 보호릴레이 등을 2계열화하는 경우(보호릴레이, CT, VT, 차단기, 제어용 전원배선)

있지 않은 것을 조건으로 재폐로를 하는 것을 원칙으로 하고 있다.

단, 표 3-6-9에 나타낸 요건을 만족시키는 경우에는 이를 생략할 수 있다.

표 3-6-9에 선로무전압 확인장치의 생략요건을 나타냈다.

● 재폐로 방식과 재폐로 시간

차단기가 일단 개방되고 나서부터 재투입될 때까지의 시간을 재폐로 시간이라 한다. 이 시간에 따라 1초 정도 이하의 고속재폐로, 1~15초의 중속재폐로, 1분 정도의 저속 재폐로로 나누어져 있고, 이들은 적용되는 계통의 특성과 선로차단기의 성능에 의해 결정되고 있다.

고압배전선 계통에서는 배전선에 수목이 접촉한 사고, 주상변압기와 개폐기 등의 배전기기의 사고, 자가용 수전설비의 사고파급 등의 사고 장소가 완전히 분리되는 시간을 예상한 저속 재폐로를 채용하고 있다. 또, 배전용 변전소의 상위계통인 특별고압계통에서는 가공송전선의 사고가 많은 뇌해, 염해, 조류의 접촉 등에서 발생하는 아크사고인 점으로부터 단시간의 차단으로 사고 장소의 절연회복이 가능하다. 이 때문에 재폐로시간이 주로 차단기의 성능으로 결정되는 중속 재폐로를 채용하고 있다. 또, 초고압계통에서는 계통안정도 유지 관점에서 차단시간은 매우 단시간이 바람직하므로 고속 재폐로를 채용한다.

또, 지중 케이블 계통에서는 사고회복을 기대할 수 없고, 반대로 사고확대를 초래할 우려가 많기 때문에 재폐로는 실시되지 않는다.

(1) 선로무전압 확인장치 생략에 관한 구체적인 방법

선로무전압 확인장치를 생략할 경우 구체적인 방법에 대해 아래에 설명한다.

(a) 차단장치의 설치장소 및 보호장치의 제어전원 등

역조류가 있고 2방식 이상의 단독 운전 검출기능 등을 사용하는 경우와 역조류가 없고 보호릴레이 등을 2단계 직렬로 설치할 때의 차단기, 제어전원, VT, CT에 관한 기본적인 고려사항을 표 3-6-10에 나타냈다.

(b) 역조류가 없고 2계열 설치로 하는 경우

역조류가 없는 연계에서는 보호장치 등을 2단계(직렬)로 설치함에 따라 선로

표 3-6-10 이중화 보호방식의 고려사항

항목	고려사항
차단기	동일 장소에 두 개의 차단기를 설치하지 않더라도 다른 분리 장소에서도 확실하게 분산형 전원을 분리할 수 있다면 괜찮다(그림 3-6-17 참조).
	【특례】 역변환장치를 이용한 발전설비를 절연변압기를 통해 연계하는 경우에는 어느 한 쪽의 차단장치로써 게이트 블록 기능을 사용할 수 있다(그림 3-6-18 참조).
제어전원	보호릴레이와 차단기의 제어전원은 축전지 1대에서 MCCB 등을 통해 분배해도 괜찮다.
VT, CT	단독 운전 검출용 VT, CT는 계통연계용 보호장치의 VT, CT와 겸용해도 괜찮다.

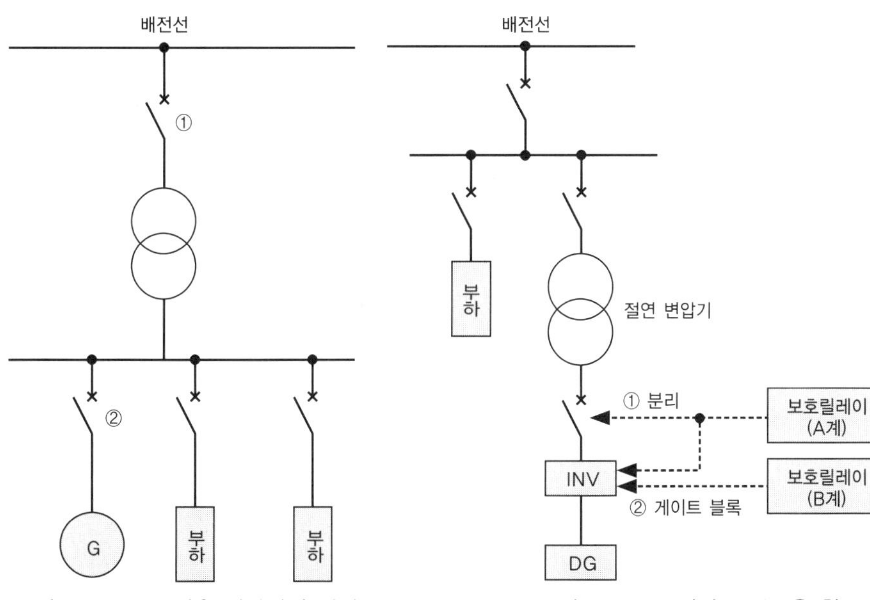

그림 3-6-17 분리용 차단기의 위치

그림 3-6-18 게이트 블록을 한 쪽의 분리점으로 간주하는 구체적인 예

무전압 확인장치를 생략할 수 있다. 이 경우의 이중화 보호방식의 고려사항을 표 3-6-11에 나타냈다.

(c) 역조류 없는 경우 기능적 이중화에 따른 간소화

보호장치 등의 이중화의 기본은 같은 종류의 것을 두 개 설치하는 것이 원칙이지만, 이와 동등한 기능을 얻는 것이 가능하고, 기능적으로 2중화 설치와 동등하다고 간주하는 것으로 표 3-6-12에 나타낸 것이 있다.

표 3-6-11 역조류가 없는 연계시의 2중화

항목	고려 사항
보호릴레이의 검출감도	2중화 설치되어 있는 보호릴레이 감도는 동등하다.
CT, VT의 정격	전력계통 측 보호장치와 협조를 도모할 수 있다면 반드시 동일 형식, 동일 정격이 아니라도 괜찮다.
OVR	발전설비 자체의 보호장치에 따라 검출, 보호할 수 있는 경우, OVR을 생략할 수 있는 것으로 되어 있지만 전압이상의 판단은 수전점에서 해야 하므로 적어도 1계열은 OVR을 수전점에 설치하는 것이 바람직하다.

표 3-6-12 역조류가 없는 연계에서의 보호장치 등의 간소화

항목	고려 사항
UPR을 사용한 경우의 CT의 간소화	2차 회로의 보호릴레이를 UPR만으로 해도 괜찮다. UPR을 CT의 최종단에 설치하는 것으로, 1차 보호회로와 2차 보호회로에서 CT를 겸용해도 괜찮다(그림 3-6-19 참조).
UVR을 사용한 경우의 VT의 간소화	UVR을 VT 2차 회로의 최종단에 설치하고 또, 2상 이상에 설치하는 것으로 1차 보호회로와 2차 보호회로에서 VT를 겸용해도 괜찮다(그림 3-6-20 참조)

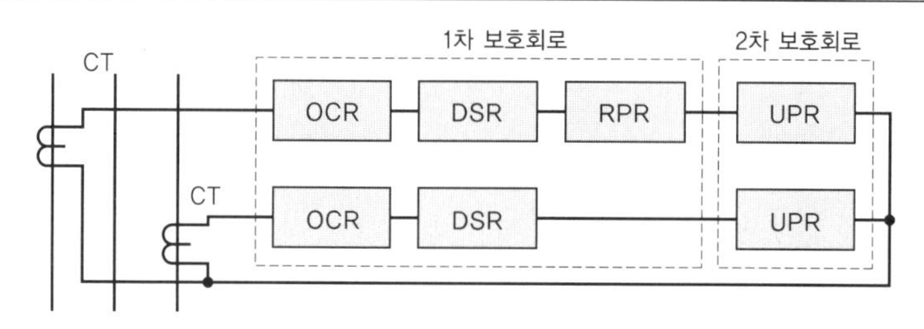

그림 3-6-19 2차 보호회로 UPR만으로 하여 CT를 겸용하는 예

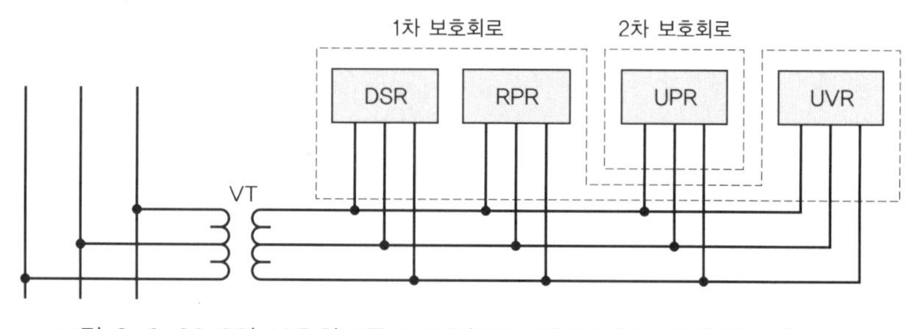

그림 3-6-20 2차 보호회로를 UPR만으로 하여 VT를 겸용하는 예

6-5 단락사고보호에 대한 유의점(한류 리액터 설치 등)

분산형 전원을 계통에 연계하면 계통의 단락용량이 증가한다. 이 단락용량이 일반 수용가의 차단기의 차단용량을 초과하는 경우에는 수용가 구내 사고 시에 차단불능이 될 우려가 있고, 인입 케이블 등의 순시허용전류를 초과하는 경우에는 이들의 손상을 초래할 우려가 있다.

전력회사로써는 고압배전선의 단락용량은 150MVA를 넘지 않도록 노력하고, 수용가에 대해서는 정격차단전류 12.5kA의 차단기를 장려하고 있다. 따라서 새롭게 분산형전원이 연계됨에 따라 이 차단전류를 넘는 경우에는 분산형 전원측에서 한류 임피던스와 고임피던스 변압기 등을 설치하여 단락용량을 억제해야 한다. 또, 이들 대책을 취할 수 없는 경우에는 다른 계통으로 연계하는 등의 조치가 필요해진다.

6-6 보호 장치의 구성 예

분산형 전원을 고압배전선에 연계할 때에는 저압배전선으로의 연계와 같이

- 발전장치의 종류
- 역조류의 유무

에 따라서 필요한 보호릴레이의 종류와 그 구성이 달라진다. 또, 고압배전선으로의 연계에서는 재폐로 시의 사고방지 대책과 발전설비로써 필요한 계통보호기능이 복잡하게 연계되므로 이들과의 관련도 포함하여 정리할 필요가 있다(그림 3-6-21 참조).

표 3-6-13에 교류발전설비의 연계형태의 차이에 따라 필요한 보호릴레이를, 표 3-6-14에 인버터를 사용한 발전설비의 연계형태의 차이에 따라 필요한 보호릴레이를 정리했다.

또, 특징적이라고 생각되는 아래의 세 가지 형태에 대해 구체적인 보호장치의 구성 예를 그림 3-6-22~3-6-24 및 표 3-6-15~3-6-17에 나타냈다.

- 교류발전기, 역조류 있음, 전송차단장치 설치, 선로전압 확인장치 설치
  (구성 예 1 : 그림 3-6-22, 표 3-6-15)
- 유도발전기, 역조류 없음, 기능적 이중화, 선로무전압 확인장치 생략
  (구성 예 2 : 그림 3-6-23, 표 3-6-16)
- PCS, 역조류 있음, 단독 운전검출(2방식), 선로무전압 확인장치 생략
  (구성 예 3 : 그림 3-6-24, 표 3-6-17)

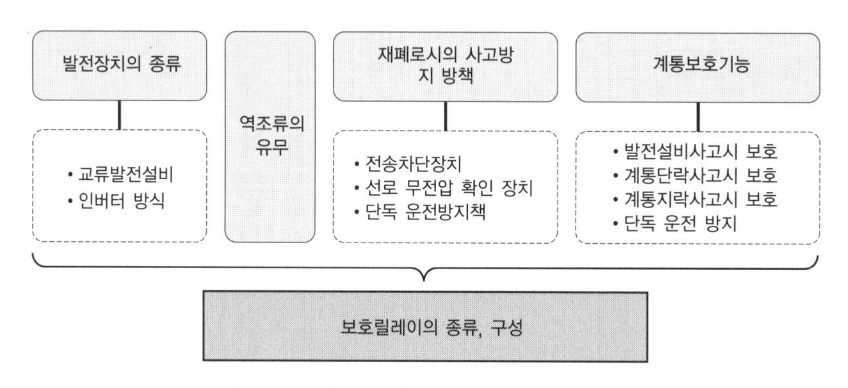

그림 3-6-21 보호릴레이의 종류 및 구성을 위한 고려사항

표 3-6-13 교류발전설비의 경우에 필요한 보호릴레이

역조류	재폐로시의 사고방지				발전설비 고장시의 계통보호	계통단락사고시의 보호	계통지락 사고시의 보호	단독 운전 방지				
	전송차단장치	선로무전압확인장치	단독 운전 검출기능 (한 가지는 능동 방식)	기타	OVR(※2) UVR① (※2)	DSR (동기발전기) 또는 UVR(※3) (유도발전기)	OVGR (※4)	OFR (※5)	UFR	RPR	전송차단 또는 단독 운전방지기능 (「재폐로 시의 사고 방지」와 연동)	구성예
있음	○ (※7)	○	—	—	○	○	○	○	○	—	(전송차단) (※7)	예 1
있음	—	○ (※7)	○	—	○	○	○	○	○	—	(단독 운전방지) (※7)	
있음	—	—	○(2방식) (※8)	—	○	○	○	○	○	—	(단독 운전방지) (※7)	
있음	—	—	○(※9)	RPR(※1)	○	○	○	○	○	—	(단독 운전방지) (※7)	
없음	—	○	—	—	○	○	○	—	○ (※6)	○	—	
없음	—	—	—	보호릴레이의 2계열화	○	○	○	—	○ (※6)	○	—	
없음	—	—	—	UPR에 따른 기능적 이중화	○	○	○	—	○ (※6)	○	—	예 2

(주) ※1 ; 연계배전선의 최저 조류시에 동작할 수 있는 것.
※2 ; 발전설비 자체의 보호기능으로 검출 보호할 수 있는 경우에는 생략 가능.
※3 ; UVR ①과 겸용 가능.
※4 ; 발전설비용 OVGR에서 검출 보호할 수 있는 경우에는 생략 가능.
※5 ; 전용선 연계에서는 생략 가능.
※6 ; 전용선 연계에서 RPR에 따른 분리가 고속으로 이루어지는 경우는 생략할 수 있다.
※7 ; 유도발전기를 사용하는 경우로, 「6-3 단독 운전방지(2) 역조류가 있는 연계의 단독 운전방지책 (c) 유도발전기를 사용한 풍력발전설비에 대한 특례」에 일치하는 경우에는 생략 가능.
※8 ; ※7과 같다면 1방식을 생략 가능.
※9 ; ※7과 같다면 생략 가능.

표 3-6-14 인버터방식의 경우에 필요한 보호릴레이

보호장치 형태	역조류	재폐로시의 사고방지				발전설비 고장시의 계통보호	계통단락사고시의 보호	계통지락 사고시의 보호	단독 운전 방지				
		전송차단장치	선로무전압확인장치	단독 운전 검출기능 (한 가지는 능동 방식)	기타	OVR(※2) UVR① (※2)	DSR (동기발전기) 또는 UVR(※3) (유도발전기)	OVGR (※4)	OFR (※5)	UFR	RPR	전송차단 또는 단독 운전방지기능 (「재폐로 시의 사고 방지」와 연동)	구성예
연계보호장치별도설치형	있음	○	○	–	–	○	○	○	○	○	–	(전송차단)	
		–	○	○	–	○	○	○	○	○	–	(단독 운전방지)	
		–	–	○(2방식)	–	○	○	○	○	○	–	(단독 운전방지)	
		–	–	○	RPR(※1)	○	○	○	○	○	–	(단독 운전방지)	
	없음	–	○	–	–	○	○	○	–	○(※5)	○	–	
		–	–	–	보호릴레이의 2중화	○	○	○	–	○(※5)	○	–	
		–	–	–	UPR에 따른 기능적 이중화	○	○	○	–	○(※5)	○	–	
PCS내장형(※10)	있음	–	–	○(2방식)	–	○	○	○	○	○	–	(단독 운전방지)	예 3
	없음	–	–	○(2방식)	구내저압연계 또는 출력이 계약전력의 5% 이하(※6)	○	○	–	–	○	–	–	
		–	–	○(2방식)	구내저압연계 또는 출력 10 kW이하(※7)	○	○	–	○ (※8)	○	○ (※9)	–	

(주) ※1 ; 연계배전선의 최저 조류시에 동작할 수 있는 것.
※2 ; 발전설비 자체의 보호기능으로 검출 보호할 수 있는 경우에는 생략 가능.
※3 ; UVR ①과 겸용 가능.
※4 ; 전용선 연계에서는 생략 가능.
※5 ; 전용선 연계에서 RPR에 따른 분리가 고속으로 이루어지는 경우에는 생략할 수 있다.
※6 ; OVGR과 RPR의 생략요건
※7 ; OVGR의 생략요건
※8 ; 역조류가 없는 경우 생략 가능.
※9 ; 역조류가 있는 경우 설치 불필요.
※10 ; 인버터에 연계보호기능이 내장된 형태(파워 컨디셔너).

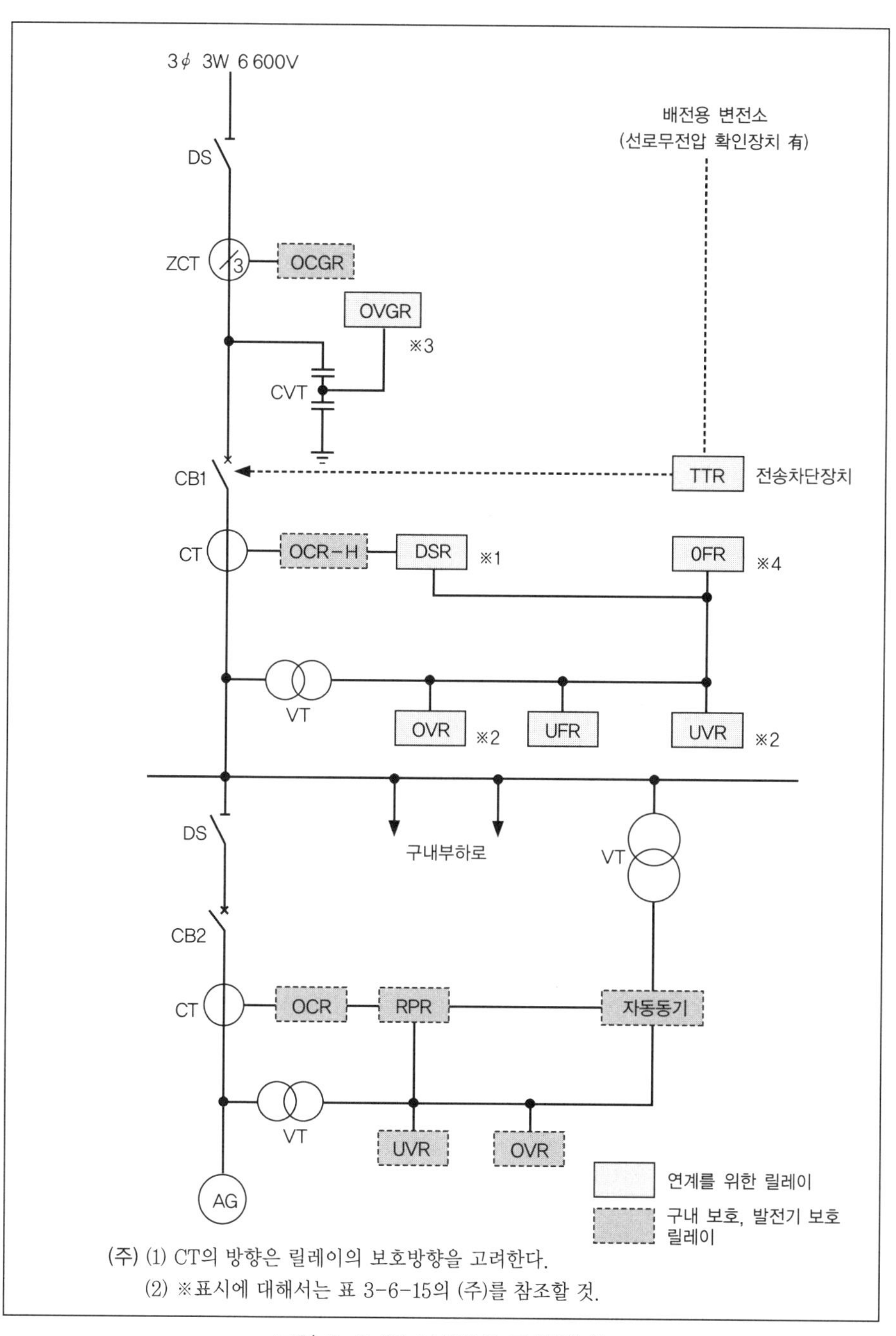

(주) (1) CT의 방향은 릴레이의 보호방향을 고려한다.
(2) ※표시에 대해서는 표 3-6-15의 (주)를 참조할 것.

그림 3-6-22 보호장치 구성(예 1)
(출처 : 계통연계규정)

표 3-6-15 계통연계에 필요한 릴레이와 보호기능(예 1)

기호	보호기능	보호대상	설치상수
OVGR(※3)	지락과전압	구내 측 지락	1상
OVR(※2)	과전압	발전설비 이상	1상
UVR(※2)	부족전압	발전설비 이상 계통전원 상실	3상(※5)
DSR(※1)	단락방향	계통 측 단락	3상(※6)
UFR	주파수 저하	계통주파수 저하 단독 운전	1상
OFR(※4)	주파수 상승	계통주파수 상승 단독 운전	1상
TTR	전송차단	단독 운전	

(주) ※1 : 동기발전기의 경우에 설치한다.
※2 : 발전기 자체의 보호장치에 따라 검출, 보호할 수 있는 경우는 생략 가능.
※3 : 임피던스가 높은 CVT 방식으로 한다.
※4 : 전용선에서의 연계의 경우는 생략 가능.
※5 : 동기발전기이고 DSR과 협조할 수 있다면 1상에서도 가능.
※6 : 전력계통과 협조할 수 있는 경우에는 2상에서도 가능.

표 3-6-16 계통연계에 필요한 릴레이와 보호기능(예 2)

기호	보호기능	보호대상	설치상수
OVGR(※3)	지락과전압	구내 측 지락	1상
OVR(※2)	과전압	발전설비 이상	1상
UVR	부족전압	발전설비 이상 계통전원 상실	3상(※5)
DSR(※1)	단락방향	계통 측 단락	3상(※6)
UFR(※4)	주파수 저하	계통주파수 저하 단독 운전	1상
RPR	역전력	단독 운전	1상
UPR	부족전력	단독 운전	2상

(주) ※1 : 동기발전기의 경우에 설치한다.
※2 : 발전기 자체의 보호장치에 따라 검출, 보호할 수 있는 경우에는 생략 가능.
※3 : 임피던스가 높은 CVT 방식으로 한다.
※4 : 전용선에서의 연계이고 RPR에 따른 분리를 고속으로 할 경우에는 생략 가능.
※5 : 동기발전기이고 DSR과 협조할 수 있으면 1상이라도 가능하지만 VT 겸용하는 경우에는 2상 이상으로 설치가 필요.
※6 : 전력계통과 협조할 경우에는 2상에서도 가능.

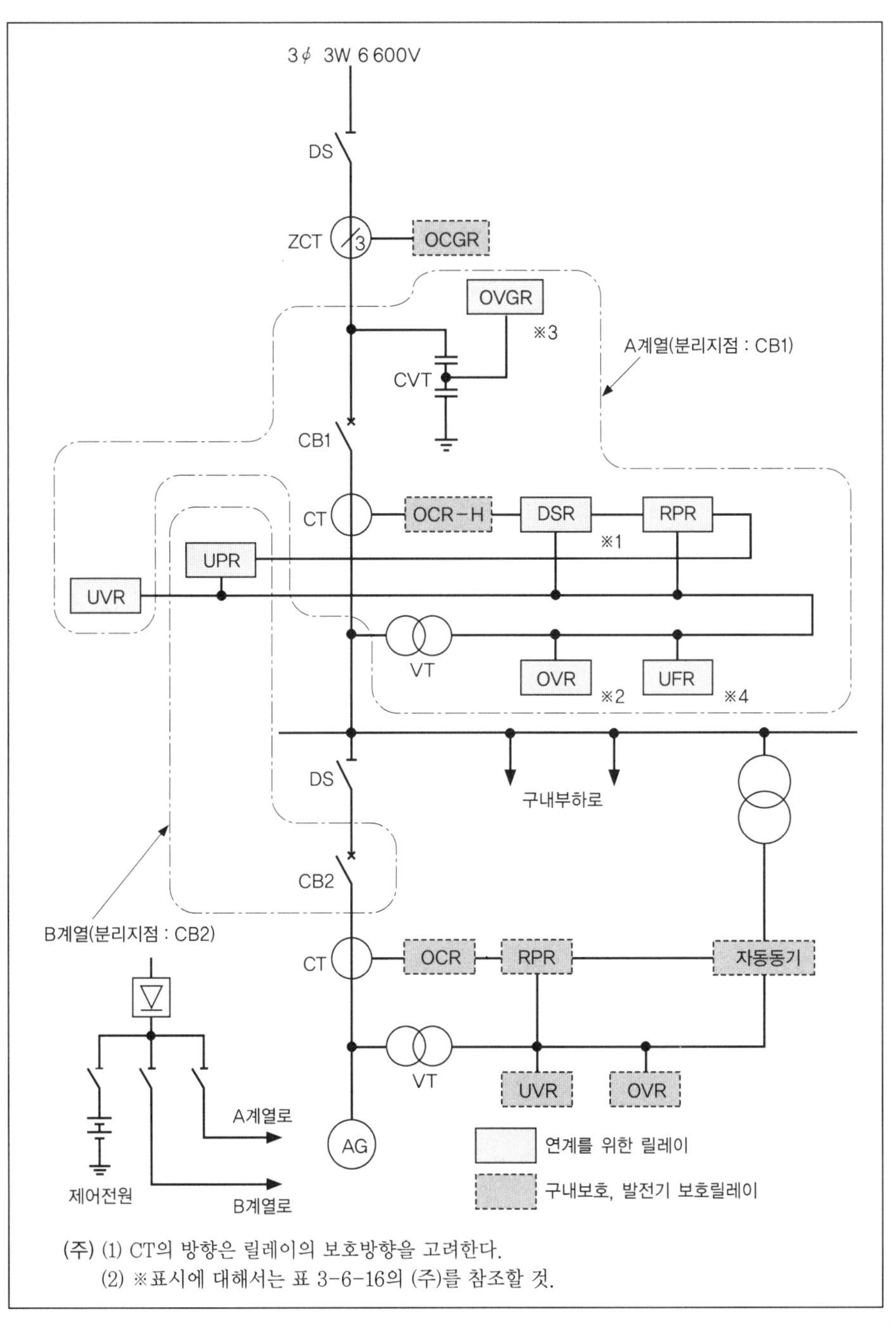

(주) (1) CT의 방향은 릴레이의 보호방향을 고려한다.
(2) ※표시에 대해서는 표 3-6-16의 (주)를 참조할 것.

그림 3-6-23 보호장치 구성(예 2)
(출처 : 계통연계규정)

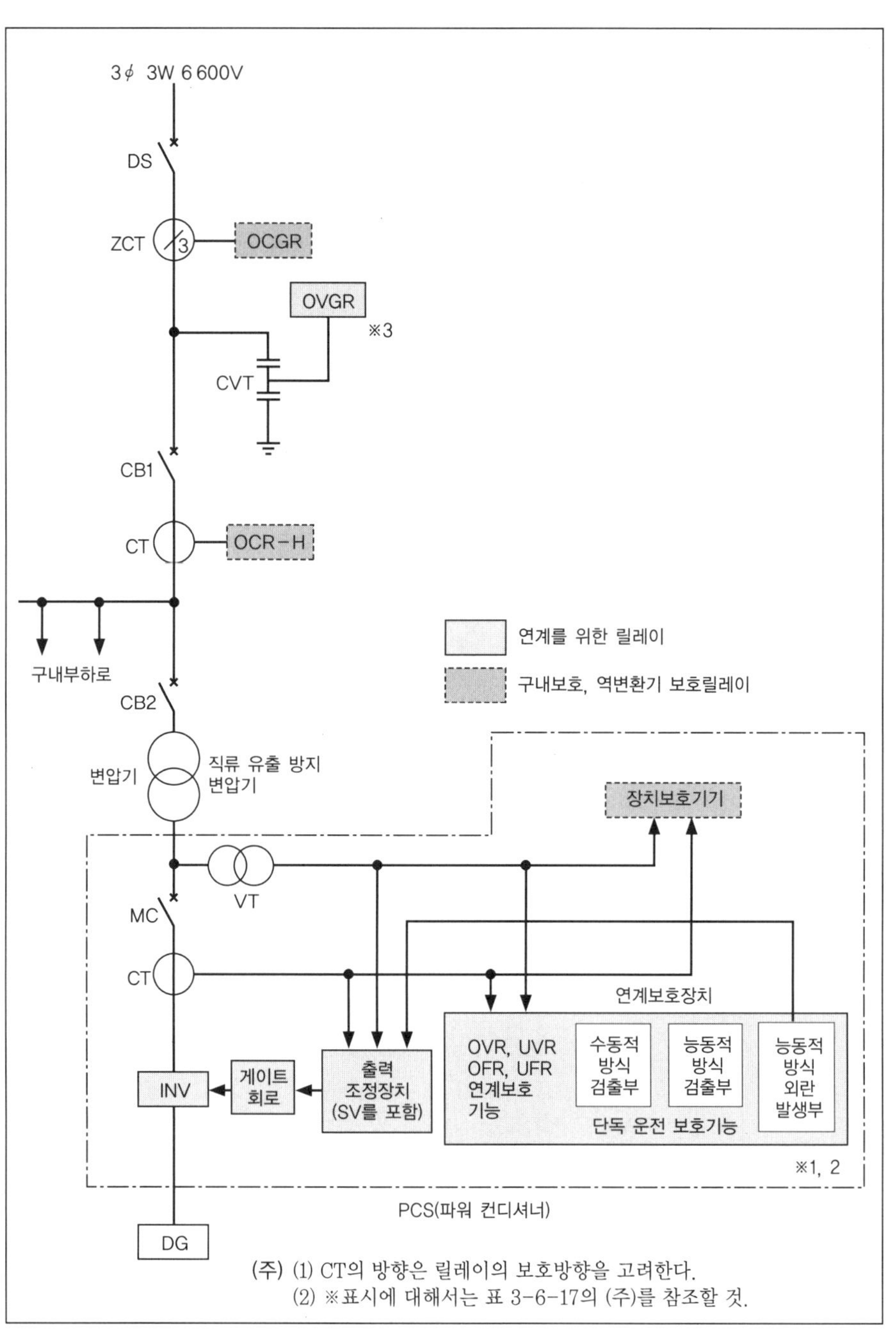

그림 3-6-24 보호장치 구성(예 3)
(출처 : 계통연계규정)

표 3-6-17 계통연계에 필요한 릴레이와 보호기능(예 3)

기호	보호기능	보호대상	설치상수
OVGR(※3)	지락과전압	구내 측 지락	1상
OVR(※2)	과전압	발전설비 이상	1상
UVR(※2)	부족전압	발전설비 이상 계통전원 상실	3상
DSR	단락방향	계통 측 단락	3상
UFR	주파수 저하	계통주파수 저하 단독 운전	1상
OFR(※1)	주파수 상승	계통주파수 상승 단독 운전	1상
단독운전검출기능	단독운전 검출	단독 운전	2상

(주) ※1 : 전용선으로 연계하는 경우 OFR은 생략할 수 있다.
※2 : 인버터가 가진 기능으로 보호할 수 있으면 생략 가능.
※3 : 임피던스가 높은 CVT방식으로 한다.

〈인용, 참고문헌〉

(1) 해설, 전력계통 기술요건 가이드라인 '98, 자원에너지청편, 전력신보사
(2) JEAC 9701-2006 : 계통연계규정, 전기기술규정 계통연계편, (사)일본전기협회
(3) 동기발전기의 배전계통으로의 연계에 따른 계통 특성의 해석에 대해서, R&D NEWS Kansai, 1999년 9월호, 칸사이전력(주)
(4) (재)전기안전환경연구소(JET) : 소형 분산 발전시스템용 계통연계 보호장치의 인증제도
(5) (재)일본가스기기검사협회(JIA) : 고체고분자형 연료전지 시스템의 인증제도

제 4장

발전설비설치에 관련된 법령과 여러 절차

01 발전설비에 관련된 법령의 개요

신에너지 발전시스템을 설치할 때에는 전기설비에 관한 법령은 물론이고 준수해야하는 법령이 다수 있다.

예를 들면, 높이가 15m 이상이 되는 풍력발전설비 등에서는「건축기준법」및「건축기준법 시행령」에 규정된 건축 확인 신청, 풍차 로터의 높이에 따라서는「항공법」에 규정된 항공장해등 설치, 전기설비공사에 전반에 관해서는「전기공사사법」, 공사 중인 고소작업에는「노동안전 위생법」등 다수의 법령을 준수해야 한다. 발전설비의 규모, 설치장소, 이용목적 등에 맞게 준수해야할 법령을 파악하고, 실제 절차에 대해서는 반드시 최신 법령에 따른 규정 등을 확인해 둘 필요가 있다.

이들 중에서 전기에 관련된 법률에 한해서도「전기용품 안전법」,「전기공사사법」등이 있지만, 여기에서는 발전설비 설치자에게 가장 관련이 깊고, 어떤 발전설비라도 반드시 준수해야 할 법률인「전기사업법」에 관한 법령의 개요와 이에 규정된 여러 절차의 구체적인 예에 대해서 해설한다.

1-1 전기사업법과 관련된 법령

발전설비 설치자에게 가장 관련 깊은 법률이 전기사업법이다. 이 법률의 목적(제 1조)을 이하에 게재한다.

> **목적(제 1조)** 이 법률은 전기사업의 운영을 적절하고도 합리적으로 시행함으로써 전기 사용자의 이익을 보호하거나 전기사업의 건전한 발달을 도모하는 것과 동시에 **전기공작물 공사, 유지 및 운용**을 규제하는 것에 따라 공공의 안전을 확보하고 환경을 보존하는 것을 목적으로 한다.

이 법률 중에서 신에너지 발전설비 설치자에게 깊이 관련되어 있는 것은 「제 3장 전기공작물」의 규정이고, 이하의 내용이 규정되어 있다.

> **제 1절 정의** 일반용 전기공작물, 사업용 전기공작물, 자가용 전기공작물, 소출력 발전설비 등이 정의되어 있다.
> **제 2절 사업용 전기공작물** 기술기준에의 적합, 자주적인 보안, 환경영향평가, 공사계획 및 사용 전 검사 등에 대한 규정이 있다.
> **제 3절 일반용 전기공작물**

이상은 (법률)전기사업법의 규정이므로 전기공작물보다 구체적인 정의와 보안규정 신고와 공사계획 등에 대해서는 전기사업법 시행규칙의 「제 3장 전기공작물」로써 제 48조부터 104조까지 규정되어 있다. 그 밖에 관련된 성령(省令 : 부처별 시행 명령), 기타를 이하에 게재했다.

- 전기사업법 시행 규칙
  (통상산업성령 제 77호)
- 전기설비에 관한 기술기준을 규정하는 성령
  (통상산업성령 제 52호) : 「전기설비 기술기준」이라 약칭된다.
- 발전용 수력설비에 관한 기술기준을 규정하는 성령
  (통상산업성령 제 50호)
- 발전용 화력설비에 관한 기술기준을 규정하는 성령
  (통상산업성령 제 51호)
- 발전용 풍력설비에 관한 기술기준을 규정하는 성령
  (통상산업성령 제 53호) : 「풍력설비 기술기준」이라 약칭된다.
- 전기설비의 기술기준의 해석에 대해서
  : 「전기해석」이라 약칭된다.
- 발전용 풍력설비의 기술기준의 해석에 대해서
  : 「풍기해석」이라 약칭된다.

(1) 전기공작물의 정의

전기사업법 및 전기사업법 시행 규칙의 제 3장에서, 전기공작물을 정의하고 있다. 이에 따르면 「**전기공작물**」은 크게 「**사업용 전기공작물**」과 「**일반용 전기공작물**」로 나뉘고, 「**사업용 전기공작물**」 중에서 전기사업용에 사용하는 전기공작물 이외의 것을 「**자가용 전기공작물**」이라 정의하고 있다.

이들 관계를 **그림 4-1-1**에 나타냈다.

이에 따르면 가정용 태양광발전시스템은 일반용 전기공작물에 상당하고, 그 이외의 대부분의 발전시스템은 자가용 전기공작물에 상당하게 된다.

(2) 전압의 종별과 사용방법

전기설비 기술기준에서 전압의 종별은 「저압」, 「고압」, 「특별고압」으로 규정되어 있다. 관련법령을 이해할 때와 전력회사와의 연계 협의할 때 등에 필요한 기본사항이다.

- 저압 : 직류는 750V 이하, 교류는 600V 이하인 것
- 고압 : 직류는 750V를, 교류에서는 600V를 넘고 7000V이하인 것

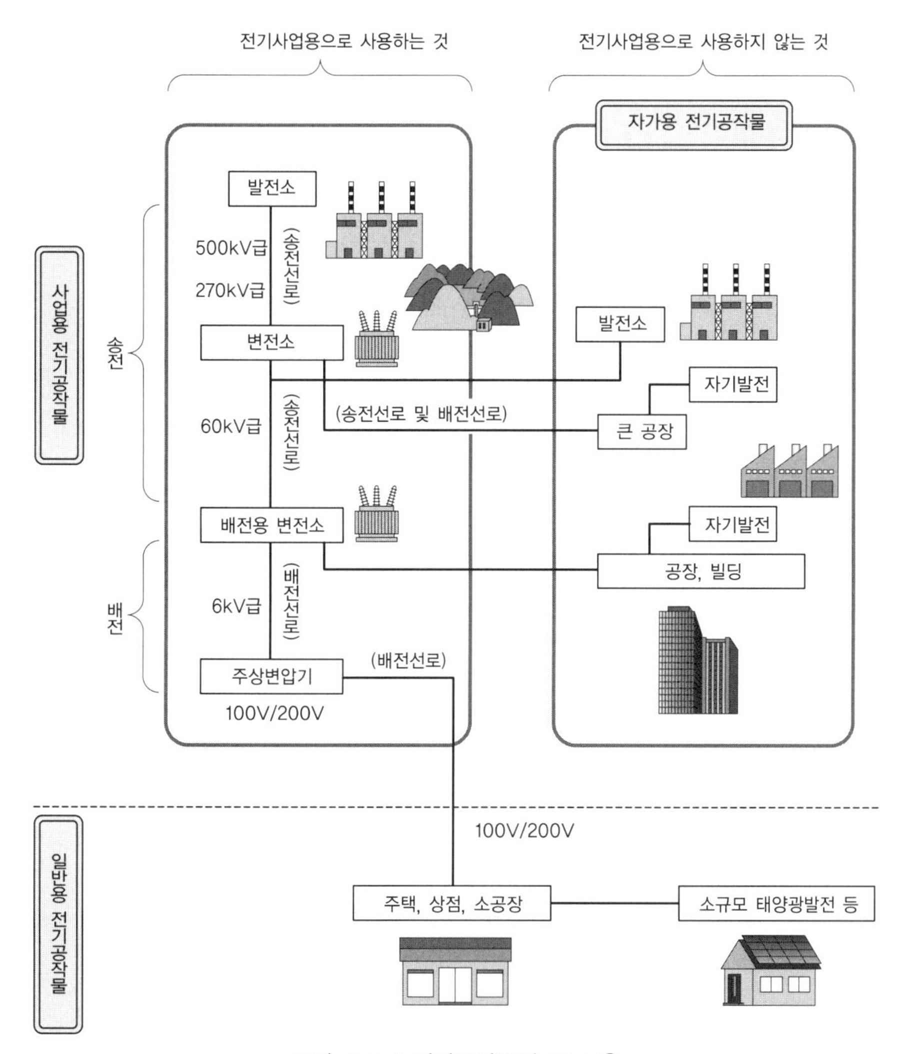

그림 4-1-1 전기공작물의 종류 ①

• 특별고압 : 7000V를 넘는 것

이들 세 가지 전압종별과 그 사용 방법을 그림 4-1-2에 나타냈다. 또, 전압계급별 전력계통의 개요를 표 4-1-1에 나타냈다.

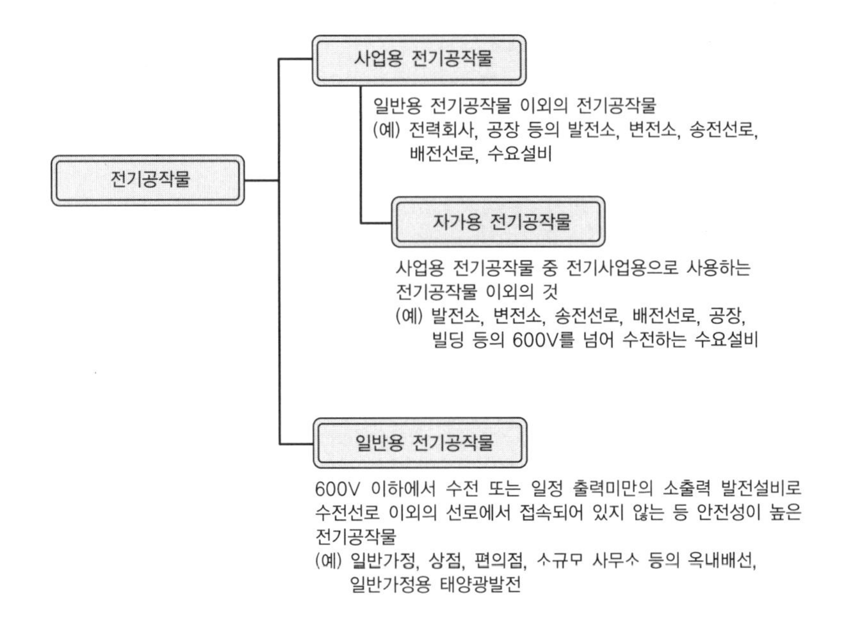

그림 4-1-1 전기공작물의 종류 ②

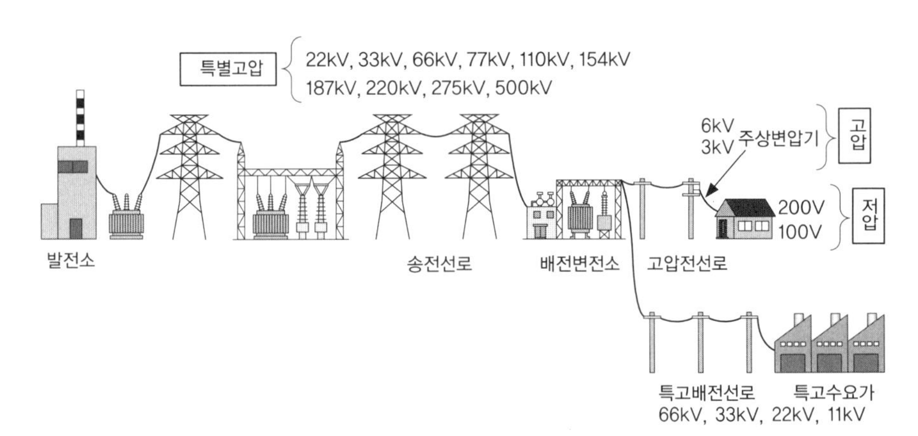

그림 4-1-2 일본에서 사용되고 있는 공칭전압

표 4-1-1 전력계통의 종류와 개요

계통의 종류	설명
저압배전계통	불특정 다수의 저압수용가에 전력을 공급하는 배전계통의 것으로, 일반적으로 단상 2선식(100V), 단상 3선식(100/200V), 3상 3선식(200V) 및 3상4선식(100/200V)이 있다.
일반 고압배전계통	전력회사의 배전용 변전소에서 불특정 다수의 수용가에 대해 전력을 공급하는 역할을 가진 고압 계통이다. 최근에는 대부분이 6kV이고, 일부에 3kV가 남아 있는 정도이다. 고압배전선은 직접 고압수용가의 수전점에 접속되어, 수용가 구내에서 변압기를 사이에 두고 저압으로 변환된다. 또, 배전선 도중에는 저압 수용가로의 전력공급을 하기 위한 주상변압기를 설치하고, 여기에서부터 저압배전선이 인출된다.
전용 고압배전계통	고압배전계통 중에서 하나의 특정수용가용 전력을 공급하는 전용계통이다.
특별고압배전계통	고압배전계통에서는 공급량에 한계(3~4MVA 정도)가 있으므로 주로 도시부의 대용량 수요가가 밀집한 지역에서는 설비형성의 효율화를 목적으로 하고, 특별고압에서 배전계통을 형성하는 경우가 있다. 주로 스폿네트워크 배전선과 루프 배전선 등을 사용한다.
스폿네트워크 배전계통	일반적으로 2~3회선에서 구성되는 특고(22kV, 33kV) 배전선을 분기하여 복수의 수용가에 전력공급을 하는 방식이다. 각 수용가에서는 수전회선수에 맞는 네트워크 변압기가 사용되고, 변압기 2차 측은 동일 모선에 접속된다. 상시 복수회선에서 수전하고 있는 형태이므로 신뢰도가 높은 배전방식이다.
특별고압송전계통	주로 전력회사의 발전소와 변전소, 변전소와 변전소 간의 부설된 송전계통이다. 전압을 높게 하는 것으로 대량의 전력수송이 가능해지지만, 송전전압에 걸맞은 절연확보 등의 필요성 때문에 설비는 대형화되고 있다. 또, 만일의 사고 발생으로 인한 영향이 광범위에 미치게 되므로 신뢰성을 중시한 설비형성을 도모한다.

태양광·풍력발전과 계통연계기술

02 발전설비 설치에 관한 개요

신에너지 발전시스템을 설치하는 경우에는 전기사업법을 준수하고, 그 법을 토대로 하여 규정하고 있는 전기사업법 시행 규칙에 따라서 규정되어 있는 여러 절차를 거쳐야 한다. 공사계획, 주임기술자에 관한 사항, 보안규정 등의 절차의 필요, 불필요에 대해서는 ① 발전기의 출력용량, ② 연계지점의 계통전압, ③ 발전소의 종류에 따라 다르다. 이는 표 4-2-1과 같이 크게 4패턴으로 분류된다.

표 4-2-1 공사계획 등 필요한 절차(풍력, 태양광, 연료전지 등 발전설비)

발전설비의 규모		공사계획	사용 전 자주검사	사용전 안전 관리 심사	사용 개시계	주임기술자	보안규정
용량	연계전압						
20kW 미만(1)	600V 이하 (저압)	불필요	불필요	불필요	불필요	불필요	불필요
20kW 이상 500kW 미만	7000V 미만 (고압)	불필요	불필요(2)	불필요	신고	신청 (외부위탁 등 승인)	신고
500kW 이상 1000kW 미만	7000V 미만 (고압)	신고	실시	필요	불필요	신청 (외부위탁 등 승인)	신고
1000kW 이상	7000V 이상 (특별고압)	신고	실시	필요	불필요	신고 (전임)	신고

(주) (1) 본 칸을 만족하는 것은 일반 전기공작물로써 취급된다. 단, 수력, 내연력, 연료전지에 대해서는 출력 10kW 미만의 것으로 되어 있다. 또, 여기에 기재된 용량을 만족하는 것이라도 고압(600V를 넘는 전압)으로 연계된 경우는 자가용 전기공작물로써 취급된다.

(2) 사용 전 자주(自主) 검사할 필요는 없지만 자가용 전기공작물 설치자로써의 자주적인 보안의 확보 관점에서 준공검사가 필요하다.

또, 발전설비 설치자가 전력계통으로 연계할 때는 이 행정면의 절차 외에, 전력회사와의 계통연계협의를 병행하여 실시해야 한다.

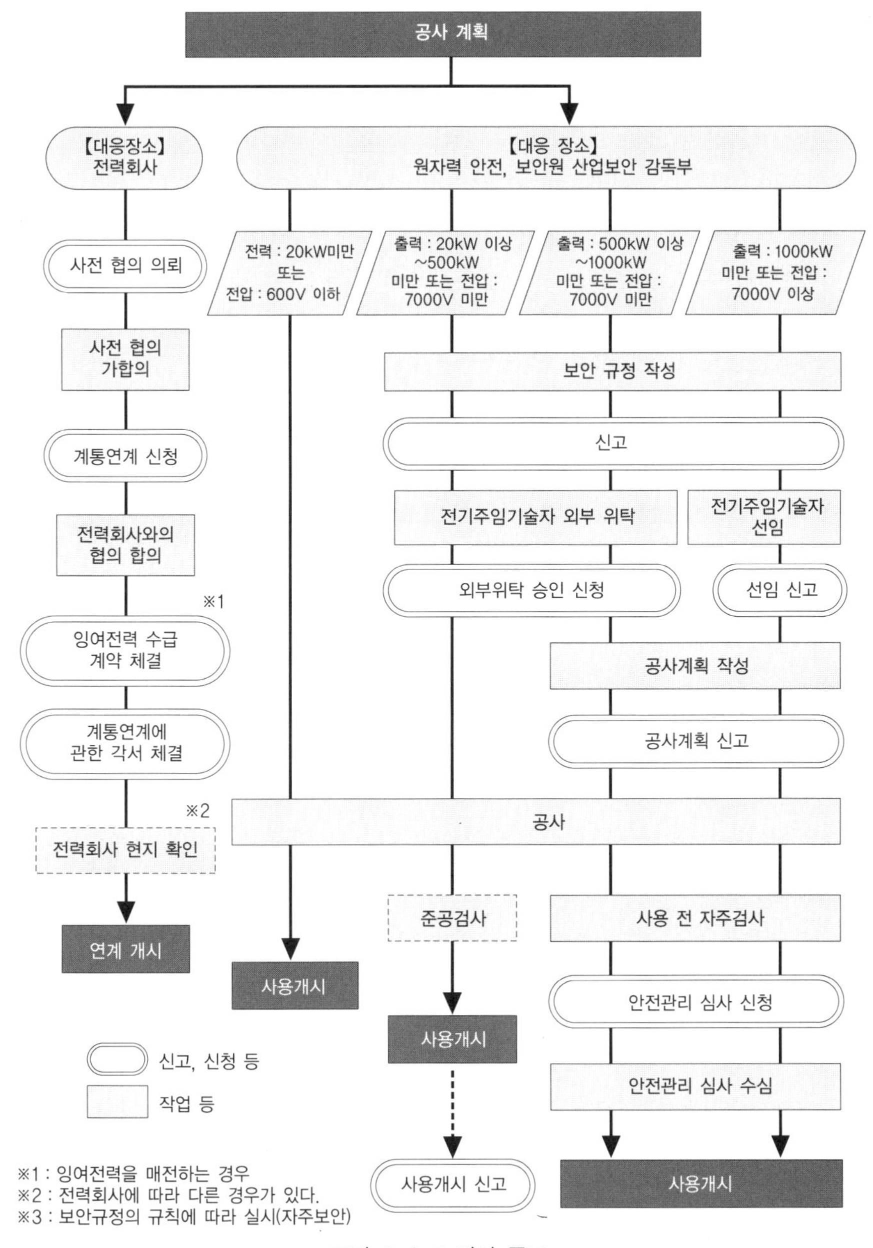

그림 4-2-1 절차 플로

이들 여러 절차의 플로를 그림 4-2-1에 나타냈다.

(1) 전기주임기술자 선임 등

전기설비 공사, 유지 및 운용에 관한 보안을 감독하기 위해, 주임기술자 면허증을 교부받은 사람 중에서 전기주임기술자를 선임하고, 경제산업장관 또는 원자력 안전, 보안원 산업 보안 감독 부장에서 신고해야 하는 것이 법령에 규정되어 있다.

단, 출력 1000kW 미만의 발전소에 대해서는 전기보안협회 등의 법인 등 또는 전기관리기술자의 개인 사업자에게 「보안 관리 업무」를 외부 위탁하는 경우에는 그 소재지를 관할하는 산업보안 감독부장의 승인을 얻으면 주임기술자를 선임하지 않아도 괜찮도록 되어 있다. 또, 일반용 전기공작물의 범주가 되는 소출력 발전설비, 이른바 가정용 태양광 발전설비 등의 경우에는 주임기술자 선임은 당연 불필요하게 된다.

전기주임기술자를 선임하는 것에 대해서는 원칙으로써 전기주임기술자 자격이 있는 사람이 그 임무를 맡는 것이 기본이지만, 경우에 따라서는 학력, 경험 등 일정한 조건을 만족시켜 산업보안 감독부장의 허가를 받는다면, 그 면허증을 교부받지 않은 사람이라도 괜찮도록 되어 있다(허가 주임기술자라 함).

(2) 보안규정 신고

자가용 전기공작물을 설치하는 사람은 공사, 유지 및 운용에 관한 자주보안체제의 정비 확립을 도모하기 위해 스스로 보안규정을 정하고, 사용 개시 전에 산업보안 감독부장에게 신고해야 한다. 기설 자가용 전기공작물이 있어서, 이에 발전설비를 증설하는 경우 등에는 이미 신고한 보안 규정 변경으로써 새로 절차를 밟게 된다(보안규정 변경신고서).

또, 일반용 전기공작물이 되는 소출력 발전설비에 대해서는 그 신고규정은 없고 전혀 불필요하다.

보안규정신고는 설비를 사용개시하기 전에 신고하면 괜찮지만 실제로는 시공면의 기술기준에 대한 적합성과 공사에 관한 보안 확보에 대해서도 적절하게 평가되고, 판단되어야 한다. 따라서 공사착수 전에 작성하여 신고하는 것이 바람직하다. 또, 보안 규정 내용에는 전력회사의 계통연계에 관한 승낙서도 필요하므로 연계협의에 대해서도 타이밍 좋게 진행할 필요가 있다.

표 4-2-2 보안규정 내용과 필요한 첨부 서류

보안규정으로 정해야 할 내용 (전기사업법 시행 규칙 제 50조 제 1항)		• 공사, 유지 또는 운용에 관한 업무를 관리하는 사람의 직무 및 조직 • 공사, 유지 또는 운용에 종사하는 사람에 대한 보안 교육 • 공사, 유지 또는 운용에 관한 보안을 위한 순시, 점검 및 검사 • 운전 또는 조작에 관한 것 • 발전소의 운전을 상당기간 정지하는 경우의 보전 • 재해 그 밖의 비상시에 취해야 할 조치 • 공사, 유지 또는 운용에 관한 보전에 대한 기록 • 필요한 사항
첨부서류	통상(자가용 전기공작물)의 경우에 필요한 것	• 설비 개요 • 단선결선도 • 명령, 연락 체제
	발전설비를 계통연계하는 경우에 추가로 필요한 것	• 계통연계 기술요건의 적합상황표(사본 가능) • 전력회사의 승낙을 얻은 취지의 승낙서 등(사본 가능)

(3) 공사 계획

500kW 이상의 발전설비의 경우에는 그 소재지를 관할하는 산업보안 감독부장에게 공사 계획을 신고해야 한다. 또, 계획을 변경하는 경우에도 신고할 필요가 있다. 단, 신고한 것이 수리된 지 30일이 경과한 후가 아니라면 공사를 개시하면 안 되는 것에 주의해야한다.

공사 계획 신고에 대해서 하기의 점에 유의해야 한다.

① 전체 배치 평면도에 전기사용구역(발전소 관리범위)을 명기한다. 발전설비가 복수의 부지(공도를 좁힘 등)에 설치된 경우에는 각각 공사계획 신고서를 제출한다.

② 전기설비 기술기준의 적합상황에 대한 설명을 명기한다. 예를 들면, 풍력의 경우에는 「발전용 풍력설비에 관한 기술기준을 규정하는 법령」도 관련된다.

③ 공사의 진척에 따라 공사계획 신고와 현장에 차이가 생긴 경우에는 그 때마다 변경서를 제출한다.

풍력발전설비를 예로, 필요한 신고 서류의 일람을 표 4-2-3에 나타냈다.

표 4-2-3 공사계획 신고에 필요한 서류(풍력발전설비의 예)

송전계통도	지형도
발전소의 부지경계를 명시한 도면	발전소의 주요기기 배치도
단선결선도	발전방식에 관한 설명서
단락용량 계산서	풍차, 지지물의 구조도, 지지물의 강도계산서*
제어방식에 관한 설명서	전기설비 기술기준에 대한 설명서
발전용 풍력설비 기술기준에 대한 설명서*	계통연계에 대한 설명서

(주) *표시 이외에는 태양광발전설비에서도 필요하다고 생각하면 된다.

(4) 사용 전 자주검사

500kW 이상의 발전설비의 경우에는 사용 전 자주검사를 실시한다. 적절한 사용 전 자주검사 방법에 대해서는 전기사업법 시행 규칙으로 규정되어 있지만

표 4-2-4 사용 전 자주검사 요령서 내용(예)

항목	비고
① 검사 연월일	검사기록 양식을 규정하고, 검사 연월일을 확실하게 기록할 수 있도록 한다.
② 검사 대상	검사 대상은 공사계획서를 작성한 전기설비로 하고, 그 밖의 전기설비의 자주 검사와는 구별된다.
③ 검사 방법	구체적으로 기재하고, 판정기준을 명확하게 한다. 첨부자료, 검사방법 및 판정기준
④ 검사 결과	검사기록 양식을 정하고, 필요한 기록사항을 망라한다.
⑤ 검사를 실시하는 사람 관리	검사를 실시하는 사람이 충분한 능력을 가진 것을 확인할 수 있는 기준을 명확하게 한다.
⑥ 검사결과를 토대로 처리를 할 때의 방법	검사 결과, 불편함, 부적함 등이 나왔을 때의 처치방법을 명확하게 한다.
⑦ 검사실시에 관련된 조직	전기주임기술자를 정점으로 한 지휘명령 계통을 명확하게 한다.
⑧ 검사실시에 관련된 공정 관리	검사를 하는 적절한 시기를 명확하게 한다. 수전 전에 실시하는 자주검사와 수전 후에 실시하는 자주 검사를 명확하게 한다.
⑨ 검사에 협력하는 사업자 관리	검사에 협력하는 사업자의 능력의 확인기준을 명확하게 한다.
⑩ 검사기록 관리	기록의 관리방법, 관리 장소, 보관 기한 등을 명확하게 한다.
⑪ 검사에 관련된 교육 훈련	교육 훈련 방법, 시기를 명확하게 한다.
⑫ 측정기, 시험장치의 일람	사용할 측정기, 시험장치의 교정 유효기한을 명확하게 한다.

최근 관계법령의 개정에 따라 그 때마다 「전기설비 기술기준의 해석에 대해서」가 경제산업성 원자력 안전·보안원에 의해 제정되고, 그 중에서 검사방법, 판정기준이 명확해지고 있다.

(a) 사용 전 자주검사 요령서

해당 발전소가 전기설비 기술기준을 만족하고 있는 것을 확인하기 위해 사용 전 자주검사 요령서를 검사 개시 전에 규정한다(표 4-2-4).

(b) 사용 전 자주검사 기록

사용 전 자주검사 기록에서는 검사요령서에서 규정한 검사항목, 검사방법을 충실하게 실시한다. 기록을 작성할 때에는 표 4-2-5의 각 항목을 전기주임기술자가 확인하여 명확하게 한다.

(5) 사용 전 안전관리 심사

사용 전 안전관리 심사는 사용 전 자주검사와 반대가 되는 것이다. 발전소 완성 후, 신고한 내용대로 공사가 이루어지고, 기술기준에 적합한 지를 확인하기 위해 충분한 방법으로 검사하고, 또, 기록이 남아있는지를 원자력 안전, 보안원 산업보안 감독부가 확인하는 것이다.

(6) 전력회사와의 협의(연계협의)

상용전력계통으로의 연계에 대해서는 전기사업법에는 특단의 규정은 없고, 전력회사와 발전설비 설치자와의 협의에 위임하고 있다. 이 협의에 대해서 기술적인 요건을 판단하기 위한 기준으로 「전력품질확보에 관한 계통연계 기술요건 가이드라인」이 규정되어 있다. 전력회사와의 협의와 조정하는 데는 1~2개월 정도(주)를 필요로 하기 때문에 설계계획, 검토가 빠른 단계에서 전력회사와 조정 작업에 들어가는 것이 바람직하다. 또, 이 일련의 협의는 설치자의 대리로써 설치업자와 메이커가 대행하는 경우가 많다.

연계협의의 진전에 맞게 전력회사에 필요한 자료를 제출하게 되지만, 각각의 서식은 전력회사에 따라 다르므로 창구에서 상담해야 한다.

전력회사와의 협의, 절차 내용을 표 4-2-5에 나타낸다(그림 4-2-1에 나타낸 절차 흐름도 참조).

표 4-2-5 사용 전 자주검사 기록 내용(예)

항목	비고
① 검사실시자 관리	소정의 자격을 가지지 않은 검사원이 참가할 경우, 경력서 등에서 실적을 확인하여, 사전에 전기주임기술자의 승인을 얻을 것.
② 검사실시에 관련된 공정 관리	계획공정과 실시공정을 기록, 차이가 생긴 경우에는 그 이유를 기록한다.
③ 검사에 관련된 교육훈련에 관한 사항	교육내용, 수강자 성명 외, 교육담당자의 성명 및 검사조직상의 담당자를 기록한다.
④ 검사에 사용한 측정기, 시험 장치에 관한 사항	사용한 측정기, 시험장치의 교정 유효기한의 점검 가능성을 전기주임기술자가 확인한 것을 명확하게 하여 교정증명서를 첨부한다.
⑤ 불편함 등에 대해 처치를 강구한 경우의 대응, 처치	검사 시의 불편함은 그 내용, 원인, 대책을 기록하고 재발방지를 강구한다.

● 계통연계에 관한 절차

사전협의는 발전시스템 개요, 연계하는 계통, 계통연계 희망일, 단선결선도, 기기, 보호계전장치의 사양 등을 전력회사에 제출하고, 이에 대해 사전에 협의를 한다. 이에 따라 합의를 얻은 경우에 계통연계 신청을 하는 것이 가능하다.

표 4-2-6 계통연계의 협의, 절차

항목	내용
사전협의	계통연계 도입에 따른 영업적 조건, 기술적 조건을 검토하고, 연계방법에 관하여 전력회사와 협의한다.
계통연계 신청	사전협의의 가합의를 얻었다면 전력회사에 정식으로 계통연계를 신청한다. 전력회사에서 계통연계의 기술검토, 협의, 필요한 사전확인이 이루어진다.
계약 체결	연계협의의 합의를 얻었다면 전력회사와 계약서 체결을 한다. 전력회사는 계통연계에 필요한 공사 시공을 한다. 또, 필요에 따라 잉여전력 매매계약도 함께 실시한다.
준공검사 (현지 확인)	시공완료 후의 자주검사를 할 때에 전력회사가 연계협의내용을 토대로 하고 있는지 검사한다.

(주) 10kW 미만의 역변환장치(인버터)를 사용한 계통연계 보호장치를 사용하여, 태양광발전시스템과 연료전지 발전시스템 등을 저압계통에 연계할 경우에는 (재)전기안전 환경 연구소 등의 인증을 취득한 장치를 사용하는 것으로 전력회사의 기술검토를 간략할 수 있고, 협의시간을 단축할 수 있게 된다.

표 4-2-7 전력회사와의 계통연계 협의에 필요한 자료 예
(출처 : 풍력발전도입 가이드북/분산형 전원계통연계 기술 지침)

	계통연계 협의 자료 예	주된 검토 항목
공통	• 보호장치의 가이드라인과의 적합성 등 설명	왼쪽과 같음
	• 역조류 유무에 관한 설명 ·최대출력치, 연계점에서의 최대 역조류치, 최대 수전치	연계의 적용구분(역조류의 유무) 상시전압 변동
	• 수전설비 구성 ·단선결선도에 따른 계전기, 계기용 변성기 등의 설치도	분리 장소 보호협조 등의 확인
발전기	• 발전기에 관한 사항(1)	
	역변환장치(인버터)를 사용하여 동기발전기를 계통연계하는 경우 (DC 링크 방식) 〈별표 참조〉 • 교류출력에 관한 정격 정격용량, 정격출력, 정격전압, 정격 역률 등 • 역변환장치 과전류(단락전류) 제한치 역변환기 게이트 블록 전류치 고조파 전류(종합, 각 차) 교류출력 측 한류 리액터(유, 무)와 그 사양 • 자동제어장치(기능) 자동 동기 투입장치(유, 무) 자동 역률 조정장치(유, 무)	 상시전압변동 보호협조(릴레이 조정) 순시전압변동 순시전압변동 전력품질 순시전압변동 순시전압변동 상시전압변동
보호	• 계통연계용 보호계전기에 관한 사항 ·시퀀스, 메이커, 형식, 특성, 조정범위 등 ·단독 운전 검출 기능(원리, 조정치 등)	보호협조 (보호계전기의 종류, 정정, 설치장소 확인) 보호협조(단독 운전 방지)
기기	• 계통연계용 기기에 관한 사항 ·진상 콘덴서(형식, 용량 등) ·차단기(종별, 차단용량, 차단시간 등) ·개폐기(종별, 개폐용량) ·변압기(종별, 용량, 퍼센트 임피던스 등) ·중성점 접지 장치(종별, 저항치, 리액터 용량) ·기기정격, 형식, 제어방법 등의 기본 사항 ·보안통신설비(종별, 방식 : 저압연계는 제외) ·계기용 변성기(VT, CT : 사양, 사용방법)	 역률, 상시전압변동 단락용량 개폐용량 순시전압변동, 상시전압변동 순시전압변동 연락체제 보호협조(VT, CT 겸용)
기타	• 기타 ·운전 체제, 연락 등에 관한 설명 ·보안 규정	 연락체제 정기점검 등의 확인

(주) (1) : 「3장 표 3-3-1 계통연계규정에서 취급하는 발전시스템의 종류」에 나타낸 분류를 참조.

표 4-2-8 전력회사와의 계통연계협의에 필요한 자료 예(발전기 항목 기입 예)
(출처 : 풍력발전 도입 가이드북 / 분산형 전원 계통연계기술 지침)

(1) 풍력발전설비 구성(분산형 전원계통연계지침의 구분에 따름)

(a) 역변환장치(인버터)를 사용한 발전기

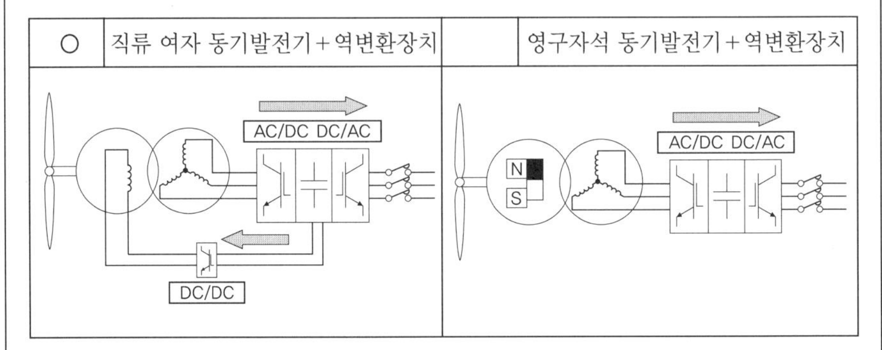

(2) 발전시스템에 관한 사항

<table>
<tr><td rowspan="4">교류출력</td><td>정격용량</td><td colspan="8">1,100kVA</td></tr>
<tr><td>정격출력</td><td colspan="8">1,000kW</td></tr>
<tr><td>정격전압(전기방식)</td><td colspan="8">690V(3상 3선식)</td></tr>
<tr><td>정격역률</td><td colspan="8">95.0% 계통에서 보아 지연</td></tr>
<tr><td rowspan="3">자동제어</td><td rowspan="2">자동역률조정장치(APfR)가 있는 경우 : 설정가능범위</td><td></td><td colspan="3">없음</td><td>○</td><td colspan="3">있음 초기설정치=100%</td></tr>
<tr><td colspan="8">계통에서 보아 진상 95%부터 지상 95%</td></tr>
<tr><td>자동 동기투입 기능(장치)</td><td></td><td colspan="3">없음</td><td>○</td><td colspan="3">있음</td></tr>
<tr><td rowspan="5">역변환장치</td><td>과전류(단락전류)제한치</td><td colspan="4">120%</td><td colspan="4">1.0sec</td></tr>
<tr><td>변환장치 게이트 블록 전류치</td><td colspan="4">150%</td><td colspan="4">0.1sec</td></tr>
<tr><td>교류출력 측 한류 리액터</td><td>○</td><td colspan="3">없음</td><td></td><td colspan="3">있음 kVA</td></tr>
<tr><td>고조파전류 (차수)</td><td>5차</td><td>7차</td><td>11차</td><td>13차</td><td>17차</td><td>19차</td><td>23차</td><td>23차초과</td></tr>
<tr><td>[mA/kW]</td><td>0.10</td><td>0.10</td><td>0.10</td><td>0.10</td><td>0.10</td><td>0.50</td><td>0.20</td><td>0.10</td></tr>
</table>

계통연계를 신청할 때에는 전기 사용 신청서, 고압수전 희망서, 고조파 유출 전류 계산서, 계통연계 신청서 등을 제출하고, 「전력품질 확보와 관련된 계통연계 기술요건 가이드라인」과 전력회사의 전기 공급 약관을 토대로 한 본 협의로 들어가 신청내용의 조합, 전압, 역률, 고조파 등의 검토가 이루어진다. 이때 「계통연계규정(JEAC 9701-2006)」에 예시되어 있는 자료를 제출해야 한다. 역변

환장치를 사용하여 동기발전기를 연계하는 경우의 예를 표 4-2-7에 나타냈다.

발전기의 상세항목에 관해서는 2003년에 (사)일본전기공업회 풍력발전시스템기술 전문위원회가 「분산형 전원 계통연계 기술지침」 및 각 전력회사의 신청 포맷을 조사하고 검토한 기재서식이 참고가 되므로 이 일례를 표 4-2-8에 나타냈다.

또, 표 4-2-7 및 표 4-2-8은 일례이고, 실제로는 연계지점의 전력회사의 요구내용, 서식에 준하여 제출해야 한다.

연계협의를 합의한 후 전력수급 계약서, 공사부담금 계약서, 자가용 발전설비의 병렬운전에 관한 계약서 등에 조인하고, 수급계약, 계통연계 계약, 운용 합의 체결을 하고, 설치공사로 이동한다. 이에 따라 수급용 전력량계와 잉여전력 판매용 전력량계 설치가 이루어진다. 계통연계에 따라 필요한 계량기와 안전보호장치 설치, 수리, 관리비 등의 비용은 원인자 부담 원칙에 따르고 일반적으로 연계신청자가 부담한다.

〈인용·참고문헌〉

(1) 풍력발전 도입 가이드북(제 9판), 2008년 2월, (독립행정법인) 신에너지, 산업기술총합개발기구
(2) JEAG 9701 : 분산형 전원 계통연계 기술지침, 전기기술 지침 분산형 전원 계통연계편, (사)일본전기협회
(3) (사)일본전기공업회, 풍력발전시스템 기술 전문위원회 : 2003년 조사결과(각 전력회사의 신청 포맷)
(4) 그림풀이 전기설비 기술기준, 해석 빨리 이해하기 - 2009년판, 전기설비 기술기준연구회편, (주) 옴사

찾아보기

숫자·영문

ㄱ

ㄴ

ㄷ

ㅁ

ㅂ

태양광 · 풍력발전과 계통연계기술

원제 : 太陽光 · 風力発電と系統連系技術

정가 : 19,000원

검인
생략

공저 _ Kai Takaaki(甲斐 隆章)
Fujimoto Toshiaki(藤本 敏朗)

2011. 12. 10 초판 1쇄 발행
2013. 4. 5 초판 2쇄 발행

역자 _ 송 승 호
펴낸이 _ 이 종 춘
펴낸곳 _ BM 성안당
주소 _ 413-120 경기도 파주시 문발로 112
전화 _ 031)955-0511
팩스 _ 031)955-0510
등록 _ 1973. 2. 1 제13-12호
홈페이지 _ www.cyber.co.kr

ISBN _ 978-89-315-3236-4

편집 : 김인환
영업 : 변재업, 차정욱, 채재석
제작 : 구본철